ART
DU TAILLEUR,

CONTENANT

LE TAILLEUR D'HABITS D'HOMMES;
les Culottes de Peau ; le Tailleur de Corps de Femmes &
Enfants : la Couturiere ; & la Marchande de Modes.

Par M. DE GARSAULT.

———————————————

M. DCC. LXIX.

L'ART
DU TAILLEUR,

CONTENANT

LE TAILLEUR D'HABITS D'HOMMES ;
les Culottes de Peau ; le Tailleur de Corps de Femmes &
Enfants : la Couturiere ; & la Marchande de Modes.

AVANT-PROPOS.

L'ART de fe vêtir, dont l'origine eft de toute antiquité, eft certainement un des plus effentiels au genre humain ; auffi en eft-on pleinement convaincu : c'eft pourquoi en effayant de le décrire ici, il feroit fuperflu de commencer par s'étendre fur fon utilité & fes avantages ; on dira feulement que le but des Nations a d'abord été de dérober à la vue l'entiere nudité, & en même temps de garantir le corps des attaques de l'air ; & que de la néceffité de fe couvrir, on eft parvenu à la grace des vêtements fous des formes différentes, à la diftinction des Peuples, & parmi chacun, à celle des différents états & conditions, ce qui a donné lieu à la parure & à la magnificence, principalement chez les Nations policées.

Comme ce Traité eft entrepris par un François, fous les aufpices de l'Académie des Sciences de Paris, il croit devoir donner ici par préférence l'idée des habillements de fa Nation, tant anciens que modernes : notre goût naturel fur cet article eft reconnu dans tout le continent ; & fi l'Art du Tailleur François, ainfi que ceux qu'on y a joints, font bien conduits, on ofe fe flatter que leur defcription acquerra le mérite que lui aura donné la Nation même.

Dans les commencements de la Monarchie, les Ouvriers qui faifoient l'habillement fe nommoient *Tailleurs de Robes*, attendu qu'à l'exemple des Romains, nos vêtemens étoient des robes plus ou moins longues. Ces Ouvriers furent érigés en corps de Communauté fous ce titre par Philippe IV. dit le Bel, qui leur donna des Statuts en 1293. Dans l'intervalle de ce temps, jufqu'au regne de Charles IV, fuccéderent infenfiblement aux robes plufieurs efpeces de

TAILLEUR.   A

Veftes, par-deffus lefquelles on mettoit des manteaux plus ou moins longs : ces véftes fe font appellées des *Pourpoints*. En conféquence, fous ce dernier Roi, les ci-devant Tailleurs de Robes reçurent des Lettres Patentes & de nouveaux Statuts en 1323. fous le titre de *Maîtres Tailleurs Pourpointiers*.

On voit dans les Statuts des Cordonniers, la permiffion à eux accordée de faire les collets des Pourpoints : apparemment qu'au tems de cette permiffion, ces collets étoient de cuir.

Les Maîtres Pourpointiers ne vêtiffoient que le corps proprement dit ; il y avoit d'autres Ouvriers qui conftruifoient l'habillement de la ceinture en bas, comme haut & bas de chauffes, caleçons, &c. Ces derniers furent érigés en corps de Maîtrife en 1346 par Philippe VI, dit de Valois, fous le titre de *Maîtres Chauffetiers* : ils fubfiftent encore en partie fous celui de *Bourfiers Culottiers*; mais ceux-ci ne travaillent qu'en peaux chamoifées.

Enfin ces différents Métiers furent heureufement réunis en un feul corps par Henri III en 1588, fous la dénomination de *Maîtres Tailleurs d'Habits*, avec pouvoir de faire tous vêtements d'homme & de femme, fans aucune exception. Ceux-ci fe font volontairement partagés en deux branches, dont l'une s'adonnoit entiérement aux habits d'homme & de femme, l'autre à ne faire que les corps & corfets des femmes & enfans, avec quelques vêtemens qui s'y joignent. Cette feconde branche n'a fubi aucun changement ; mais Louis XIV. dit le Grand, ayant jugé à propos d'ôter à la premiere la faculté de faire les habits de femmes, créa en 1675 un corps de Maîtrife féminin fous le titre de *Maîtreffes Couturieres*, auxquelles il donna pouvoir de conftruire tous les vêtements de leur fexe.

L'ouvrier qui dans l'Art du Bourfier s'eft reftraint à conftruire des culottes de peau, bas & gants, a tant d'affinité avec celui qui les fait de toutes autres efpeces d'étoffes, qu'il ne doit pas paroître déplacé d'en expliquer la manufacture à la fuite de celle du Tailleur d'habits pour homme ; d'autant plus encore, que celui-ci concourt avec le premier, étant permis à tous les deux de faire bourfes à cheveux & calottes.

Depuis plufieurs années quelques femmes de Marchands Merciers fe font donné le titre de *Marchandes de Modes* ; non feulement comme Mercieres elles vendent les rubans, gazes, rezeaux, & autres enjolivements qui fervent à décorer les habits de femmes, mais elles deviennent les Ouvrieres de leurs marchandifes, les attachent & ajuftent ; de plus elles font certains vêtements que les femmes mettent par-deffus l'habit ordinaire, raifon de les citer à la fuite de l'Art de la Couturiere, pour expliquer la façon dont elles conftruifent ces derniers vêtements.

En conféquence de tout ce qui vient d'être dit, on commencera par une explication fuccinte, mais fuffifante, des habillements François depuis Clovis jufqu'à notre tems : cette explication fera éclairée par plufieurs Figures. Enfuite viendra l'Art du Tailleur d'habits d'homme, terminé par la façon de la Culotte de peau ; puis le Tailleur de Corps de femme & enfants ; enfuite l'Art de la Couturiere, & la Marchande de Modes pour la partie des vêtements qu'elle conftruit.

On verra que non-feulement à caufe de l'intime liaifon que ces Arts ont naturellement enfemble en qualité de vêtemens, mais encore par le peu d'étendue de la plûpart, dont la partie plus confidérable eft celle du Tailleur, il convenoit mieux de les raffembler en un feul ouvrage, que d'en faire autant de petits Traités féparés.

Pour parvenir à connoître mieux ce qui concerne les anciens habillements François, on a eu recours à M. Jolly, Bibliothécaire du Roi, Garde des Deffeins de fa Bibliotheque de Paris, qui a eu la bonté d'en communiquer nombre de très-précieux fur cette matiere. Pour tout le refte on a confulté des Artiftes verfés & confommés dans leurs Arts. Le fieur Bertrand, Tailleur pour homme, rue Comteffe d'Artois ; le fieur Carlier, Bourfier-Culottier, rue des Cordeliers, près la Fontaine ; le fieur Vacquert, Tailleur de Corps pour femmes & enfans, rue S. Honoré, vis-à-vis l'Opéra, chez un Chandelier, à côté de la tête noire ; Madame Luc, ci-devant Couturiere de Madame la Princeffe de Carignan, rue Caffette, vis-à-vis la rue Carpentier ; Mademoifelle du Buquoy Marchande de Modes dans l'Abbaye S. Germain-des-Prés.

On a peu profité d'ailleurs de quelques ouvrages qu'on a découverts, dont un imprimé en 1671 qui a pour titre : *le Tailleur fincere*, par Benoit Boulay, Maître Tailleur, au fauxbourg S. Germain, dédié à fa Communauté. Ce livre eft compofé d'un avis très-court qui renvoye le Lecteur à 50 planches en taille-douce qui contiennent 108 coupes d'habits pour tous états & conditions, jufqu'à un habit de pauvre, celui du Pape, du grand Turc, &c. le tout fans aucune explication. Les habits de fon tems ne reffembloient pas à ceux du nôtre ; ainfi on ne peut tirer grand profit de ce livre ; on citera feulement dans l'article de la Coupe une remarque extraite de fon avis qu'on a cru mériter quelque confidération.

En 1720 un particulier nommé *de Cay*, préfenta à l'Académie des Sciences de Paris, une nouvelle maniere de tailler un juftaucorps qu'il avoit imaginé : fon juftaucorps n'étoit compofé que de 6 piéces, au lieu de 22 dont il dit que les habits étoient compofés de fon tems. Cette invention a des inconvénients qui font caufe qu'elle n'a eu aucune fuite : elle eft inférée avec eftampe dans le quatrieme tome des Machines de l'Académie.

En 1734 parut un petit Livre fous le titre de *Tarif des Marchands Frippiers-Tailleurs-Tapiffiers*, &c. propre à déterminer la quantité d'étoffe néceffaire pour en doubler ou en couvrir d'autres, par M. Rollin, Expert-Ecrivain-Juré. C'eft une lifte difpofée en colonnes comme le Livre des Comptes faits de Barrême, avant laquelle on voit une Table qui peut fervir à mefurer la largeur des étoffes avec le pied de Roi, dans le cas où on n'auroit point d'aune ; comme cette Table eft courte, on la trouvera tranfcrite à l'article des Etoffes.

CHAPITRE PREMIER.

De l'Habit François.

CE Chapitre est destiné à donner une explication abrégée des habits tant d'hommes que de femmes depuis Clovis jusqu'à présent, relative à 3. Planches qui représentent leurs variétés successives en 39 Figures ; mais il est bon d'avertir que les 4 premieres Figures de la premiere Planche sont tout ce qu'on a pu trouver à cet égard pendant les 9 premiers siecles de la Monarchie, c'est-à-dire, depuis l'année 480, tems où Clovis commença de régner, jusqu'à 1200 sous Philippe-Auguste. Peut-être n'y a-t-il point eu de variétés de mode dans ces tems éloignés parmi un peuple sauvage qui ne songeoit qu'à étendre ou à maintenir ses conquêtes, sans se piquer de transmettre à la postérité les effigies des hommes remarquables parmi eux, & conséquemment leurs vêtements. Il n'est pas même sûr que la Figure *A* de la premiere Planche, prise sur le tombeau de Clovis, n'ait pas été faite après coup.

La Figure *B* paroît moins équivoque, parce que son habillement approche beaucoup de celui du peuple Romain. La Figure *C* qui est celle d'un soldat, paroît encore hazardée ; il est à présumer que l'habit des soldats Francs tenoit beaucoup de celui des troupes Romaines. La Figure *D* est de 1204 : son vêtement, quoique ce soit celui d'une femme, approche si fort de celui de Clovis, que l'on seroit tenté de croire que les femmes n'avoient pas changé de mode depuis son regne jusqu'à celui de Philippe-Auguste.

Quoi qu'il en soit, on va procéder à l'explication de toutes les Figures des trois premieres planches.

Parmi les nombreux Recueils qu'on a parcourus, on n'a exprimé que les variétés qui s'éloignent assez l'une de l'autre pour faire appercevoir des différences dignes d'être remarquées.

PLANCHE PREMIERE.

PREMIER RANG. *Fig. A*, Clovis vêtu d'une longue Robe *a*, *Toga*, serrée par une ceinture *b*, *Zona*, de laquelle pend une bourse ou escarcelle *c*, *Crumena scortea*; par-dessus la robe un manteau *d*, *Lucerna*, ouvert & attaché à chaque épaule avec un bouton ou une rosette. Les souliers ouverts sur le coudepied.

Fig. B, Habillement de la Nation imitant ceux des Romains. On apperçoit la tunique *a*, *Tunica*, par-dessus laquelle on voit le manteau à la Romaine appellé *Chlamydes b b*, dont le derriere & le devant se joignent sur l'épaule droite *c*, & laissent le bras droit libre ; *d* espece de brodequins.

Fig. C, un Soldat : cette figure est tirée de la Milice Françoise du Pere Daniel,

Auteur

Auteur de l'Hiftoire de France; elle eft factice étant compofée parties par parties de plufieurs Auteurs anciens qu'il cite.

Fig. D, une femme en 1204; *a* Tunique; *b* Robe; *c* Manteau imitant celui de Clovis; *d* efpece de Coëffe ou Voile.

Fig. E, un homme en 1285; *a a* Robe à manches pleines; *b* Efcarcelle; *c c* Chaperon ou Cappe; *d* Bonnet.

Fig. F, Soldat en 1346, vers le tems de la derniere Croifade; *a* Cafque; *bb* Cotte de mailles; *c* la Croix fur la poitrine; *d* Arme finguliere: elle a échappé aux recherches du Pere Daniel.

Nota. Que pour tout le refte des Figures, on n'indiquera plus que les fiecles dans lefquels les changements font arrivés.

Fig. G, une femme; *a* Tunique; *bb* Robe; *c* Bonnet haut & pointu; *d* Voile de gaze prenant de la pointe du bonnet & tombant jufqu'aux talons; *e* Gaze accompagnant les côtés du vifage; *ff* Mitaines. Cet habillement pris à la fuite des Croifades paroît avoir été fait à l'imitation de celui des femmes Turques.

Fig. H, un homme; *aa* Tunique à larges manches; *b* Efcarcelle; *c c* Manipules doubles; *dd* Chaperon à longue queue.

Fig. I, une femme; *a* Robe; *bb* Surcotte; *c c* Manipules fimples en dehors.

Fig. K, un homme; *a a* Pourpoint pliffé; *b* Fichu; *c* Toque; *dd* Pantalon; *e* petits Brodequins terminés par des Souliers pointus qu'on nommoit *Souliers à la poulaine.*

Fig. L, un homme; *a a* Pourpoint avec un collet & pliffé; *bb* Manches pendantes du Pourpoint ouvertes au milieu pour paffer les bras; *c* le Poignard pendant à la ceinture par-devant; *d* Bonnet plat; *e e* Sabots pointus à la poulaine.

Fig. M, un homme; *a a* Pourpoint long non pliffé ayant un collet & à manches ordinaires; *b* Efcarcelle pliffée; *c* Toque; *d* Bande venant de la Toque relevée fur l'épaule; *e* Brodequins.

Fig. N, un homme; *a* Bonnet orné d'une plume par devant; *b* Pourpoint par-deffus une Vefte lacée; *c* un Manteau long & traînant, à manches pendantes & ouvertes par-devant pour y paffer les bras; *d* un Pantalon ou chauffes; *e* des Bottes molles ou brodequins.

Fig. O, un homme; *aa* Pourpoint à courtes bafques; *bb* petit Manteau; *c c* Manches tailladées; *dd* haut-de-Chauffes; *e e* Souliers tailladés; *f* Toque avec une plume; *g* petite Fraife.

PLANCHE II.

Fig. P, François I. Roi de France; *a a* Pourpoint; *bb* Manteau; *c c* Manches tailladées; *dd* Chauffes; *e e* Jarretieres; *ff* Souliers de chambre tailladés; *g* Toque avec plumet.

TAILLEUR. B

Fig. Q, un homme; *a* Pourpoint boutonné; *bb* petites Basques; *c* Collet fraisé; *dd* petit Manteau; *ee* Gregues; *ff* Bas-de-chausses; *g* Toque à plumet; *hh* Souliers découpés.

Fig. R, un homme; *aa* Pourpoint à petites basques; *bb* Manteau; *cc* Manches tailladées; *dd* Chausses; *e* Fraise; *f* Toque à forme élevée ornée de plumes.

Fig. S, une femme en corps de Robe; *a* Fraise; *bb* Panier; *cc* Jupe; *dd* Parements; *ee* Manchettes; *f* Toque.

Fig. T, Henri IV, Roi de France; *aa* Pourpoint à petites basques, *bb* Trousses; *cc* Fraise; *dd* Souliers à grandes pieces; *e* Toque.

Fig. V, un homme; *aa* Pourpoint à grandes basques & à manches ouvertes; *bb* Culotte; *cc* grand Rabat qui couvre les épaules; *d* Bonnet à forme élevée; *ee* Rosettes aux souliers.

Fig. X, une femme; *aa* Corps de robe; *bb* Manches ouvertes; *cc* Vertugadin; *dd* Collet monté; *e* Bonnet ou Cornette à pointe rabattue; *ff* Manchettes troussées.

Fig. Y, Louis XIV, Roi de France; *aa* Pourpoint; *bb* Rabat de dentelle à glands; *cc* Chemise; *d* Baudrier; *ee* Gregues; *ff* Perruque; *g* Chapeau orné de plumes; *hh* Souliers quarrés à talons hauts & à grandes rosettes.

Fig. Z. une femme; *a* Corps de robe; *bb* Bas de robbe; *c* Jupe; *d* Coëffure en cheveux terminée par des rangs de Rubans; *ee* Collerette de dentelle. Cette mode excepté la coëffure, subsiste encore chez le Roi comme habit de cérémonie, sous le nom de *Robe de Cour* ou *grand Habit*: il est détaillé ci-après dans l'article du Tailleur de Corps.

Fig. AA, une femme; *a* Manteau troussé; *b* Jupon; *c* Coëffure haute à barbes; *dd* Falbala.

Fig. BB, une femme; *a* Coëffure haute à trois rangs; *bb* Parements de la robe; *cc* robe traînante; *d* Jupon; *e* Falbala.

PLANCHE III.

Outre les Figures entieres de femmes répandues dans ces trois Planches, on en a trouvé, en parcourant les Siecles, plusieurs autres qui méritent d'être remarquées, & pour ne pas multiplier les Figures entieres, on en a formé un rang de Bustes dont le haut de cette planche est décoré: celui qui est marqué d'une croix est d'une femme du siecle 1300; toutes celles marquées d'un gros point sont de 1400; & les deux étoilées de 1500.

Nota. On verra la Coëffure actuelle des femmes dans l'Art du Perruquier, dont l'impression est précédente à celui-ci.

Fig. CC, un homme en Justaucorps, veste & culotte; *a* Echarpe; *b* Cravatte passée dans la boutonniere; *cc* Perruque; *dd* Chapeau orné d'un plumet;

e e Bas roulés avec la culotte ; *f f* Souliers quarrés par le bout & à talons hauts.

Fig. D D, une femme en Manteau troussé & avec une coëffe & une écharpe ; *a* Coëffe ; *b b b* Echarpe ; *c c* Jupe garnie de falbalas ; *d* Éventail.

Fig. E E, une femme ; *a a* Coëffure en papillon ; *b b* Panier.

Fig. F F, un homme enveloppé dans un Manteau.

Nota. Que le dernier rang de cette Planche est relatif au Tailleur de Corps, & à la Couturiere ci-après.

CHAPITRE II.

L'ART DU TAILLEUR D'HABITS D'HOMME.

Idée générale de cet Art.

L'Ouvrier qui exerce cet Art, lequel consiste particuliérement à préserver le corps des injures de l'air, & par accessoire à le décorer suivant ses dégrés d'aisance, de dignité ou d'opulence : cet Ouvrier, dis-je, ne doit s'appliquer qu'à envelopper son modele animé, de façon qu'il puisse se mouvoir dans son enveloppe sans gêne & sans contrainte ; & de plus que son ouvrage soit accompagné de toute la grace dont il est susceptible, enfin qu'il en résulte un tout ensemble agréable aux yeux, & le plus avantageux qu'il est possible à celui pour lequel il est fait.

Ce n'est nullement les vêtements que cet Art a exécutés, & peut construire par la suite dans le monde habillé, qui font la science du Tailleur ; mais on doit être assuré que celui à qui les principes fondamentaux sont familiers, & qui de plus a le coup d'œil juste & gracieux, possede sans difficulté le moyen sûr de réussir ; il devient même un homme rare, si on y ajoute la probité. Ainsi que le vêtement soit plus ou moins serré, ample, plissé, &c. s'il connoît la bonne & vraie maniere de tailler, assembler, coudre & monter toutes les pieces d'un vêtement quelconque, il ne s'agit plus pour lui que de lui donner toute l'élégance dont il est susceptible en perdant préalablement le moins d'étoffe qu'il sera possible ; c'est dans cette derniere circonstance que gît le talent supérieur. Le Tailleur donc qui sçait exécuter avec précision, grace & épargne l'habit complet François, & on peut dire Européen, qui est le Justaucorps, la veste & la culotte, comme étant le vêtement le plus compliqué, parviendra sans peine à construire toutes autres especes d'habillements.

CHAPITRE III.

Des Etoffes.

Il se trouve tant d'étoffes de largeurs différentes dont on peut faire des habits, que ce seroit perdre l'objet de vue si on entreprenoit d'en faire ici la recherche & le détail ; il faut se restraindre à désigner les plus usitées & leurs différents aunages.

Pour les dessus.

Etoffes de Laine.

Les Draps font {d'une aune / de 5 quarts / de 4 tiers} de large.

Les Draps de Silésie, la Calmande, le Camelot, le Baracan, sont de deux tiers de large.

Etoffes de Soie, or & argent.

Les Velours, les Moires, plusieurs Taffetas & autres étoffes de Soie, d'or & d'argent, ont près de demi-aune de large.

Pour les doublures.

Etoffes de Laine.

Les Toiles de Coton ont une demi-aune ou environ de large.
Le Raz-de-Castor, le Voile, la Serge ont une demi-aune de large.

Etoffes de Soie.

Les Taffetas pour doublure, ont deux tiers de large.
Les Serges de soie, le Raz-de-Saint-Cir, ont une demi-aune de large.

TABLE DES AUNAGES

Réduits en pieds & en parties de pieds & pouces, tirés du tarif du Tailleur, Par M. Rollin.

Une Etoffe	de 4 tiers	fait 58 pouces ou 4 pieds	10 pouces	$\frac{2}{9}$.
	de 5 quarts	fait 54 pouces ou 4 pieds	6 pouces	$\frac{7}{12}$.
	de 4 quarts	fait 43 pouces ou 3 pieds	7 pouces	$\frac{1}{3}$.
	de 3 quarts	fait 32 pouces ou 2 pieds	8 pouces	$\frac{1}{12}$.
	de 5 huitiemes	fait 27 pouces ou 2 pieds	3 pouces	$\frac{7}{24}$.
	de demi-aune	fait 21 pouces ou 1 pied	9 pouces	$\frac{1}{6}$.
	de 5 douziemes	fait 18 pouces ou 1 pied	6 pouces	$\frac{7}{16}$.
	de 7 seiziemes	fait 19 pouces ou 1 pied	7 pouces	$\frac{1}{48}$.

CHAPITRE

CHAPITRE IV.

Les Vêtemens François compris dans ce Traité.

LE Juſtaucorps, la Veſte & la Culotte compoſent ce qu'on nomme *l'habit complet*: on les voit détaillés *Planche 5 & 7*, & en place, *Planche 4, Fig. E.*

Le Surtout qui eſt une eſpece de Juſtaucorps.

Le Volant, autre eſpece deſtiné à mettre par-deſſus le Juſtaucorps ordinaire ou par-deſſus le Surtout.

La Fraque, eſpece de Juſtaucorps leger, nouvellement en uſage.

Le Veſton, eſpece de Veſte moderne à baſques courtes.

La Redingotte, eſpece de manteau pris des Anglois, qui le nomment *Ridinchood*, qui ſignifie habit pour monter à cheval, dont nous avons fait le mot Redingotte: on le voit détaillé *Pl. 8, fig. FF*; & en place *Pl. 4, fig. D.*

Le Manteau: il ſe met par-deſſus l'habit; on le voit détaillé *Pl. 10, fig. I*; & en place *Pl. 3. fig. FF.*

La Roquelaure, eſpece de Manteau, *Pl. 8, fig. I.*

La Soutanelle, qui eſt le Juſtaucorps des Eccléſiaſtiques.

Le Manteau court, eſpece de petit Manteau Eccléſiaſtique que les Abbés mettent par-deſſus la Soutanelle; on le voit détaillé *Pl. 10, fig. II*; & en place *Pl. 4, fig. H.*

La Soutanne, eſpece de robe longue & traînante des Eccléſiaſtiques; on la voit détaillée *Pl. 8, fig. III*; & en place *Pl. 4, fig. I.*

Le Manteau long, eſpece de manteau Eccléſiaſtique à queue traînante; on le voit détaillé *Pl. 11.*

La Robe de Palais, robe longue & traînante qui ſe met par-deſſus le Juſtaucorps de tous les gens de Juſtice lors de leurs fonctions; on la voit détaillée *Pl. 9, fig. I*; & en place *Pl. 4, fig. G.*

La Robe-de-Chambre, robe longue qu'on met en ſe levant & après s'être deshabillé; on en voit de deux ſortes détaillées *Pl. 9, fig. II & III.*

La Camiſole eſt, pour ainſi dire, une Veſte de deſſous qu'on met ſouvent immédiatement ſur la peau: il s'en fait à manches & ſans manches; cette derniere ſe nomme un gilet.

CHAPITRE V.

Inſtruments du Tailleur.

Comme toute la manufacture du Tailleur ne conſiſte qu'à tracer, couper & coudre, il n'auroit beſoin que de craye, de cizeaux *D*, d'un dés à coudre, d'aiguilles, de fil & de ſoye, ſi ce n'étoit qu'en faiſant ces opérations, il ne peut s'empêcher de corrompre & chiffonner un peu les endroits qu'il travaille; c'eſt pourquoi afin de les remettre à l'uni, d'applatir ſes coutures, & de remettre l'étoffe dans ſon premier luſtre, il eſt obligé de faire une eſpece de repaſſage au moyen du petit nombre des inſtrumens ſuivants.

PLANCHE 6. *A* Le Carreau. C'eſt pour ainſi dire le ſeul inſtrument néceſſaire; les autres ne ſont qu'auxiliaires: il eſt entiérement de fer, plus grand & du double plus épais qu'un fer à repaſſer; il eſt quarré par un bout, & terminé en pointe par l'autre; il a une poignée qui n'eſt point fermée pardevant.

Le Carreau s'employe toujours chaud; on ne doit le chauffer que ſur de la braiſe, prenant bien garde qu'il ne s'y trouve point de fumerons; il ne faut pas le trop chauffer; on eſſaye ſon dégré de chaleur en l'approchant de la joue, ou bien en le paſſant ſur un morceau d'étoffe qu'il ne doit pas rouſſir lorſqu'il eſt au dégré convenable.

Comme tous les Inſtruments ſuivants au nombre de quatre, ſont deſtinés à aïder le travail du carreau, leurs uſages conjointement avec le ſien va ſuivre leurs deſcriptions.

La Craquette *B* eſt un inſtrument totalement de fer; celui qui eſt repréſenté ici eſt quarré; au milieu de chaque face eſt une rainure: on fait des craquettes en triangle; à celles-là les rainures coulent le long de chaque angle: la craquette s'employe toujours chaude, mais moins que le carreau.

Le Billot *C* eſt un inſtrument de bois plein, de 4 pouces d'épaiſſeur, de 6 pouces de haut, & de 9 à 10 pouces de long.

Le Paſſe-carreau n'eſt différent du billot, que parce qu'il eſt du double plus long.

Le Patira *EE* eſt de laine; c'eſt le Tailleur même qui le conſtruit en couſant l'un à l'autre de groſſes liſieres de drap, dont il forme un morceau quarré d'un pied & demi ou environ; on peut en faire un ſur le champ d'un morceau d'étoffe; mais le meilleur eſt de liſieres.

Uſage des Inſtruments.

1°. Le grand uſage de la Craquette eſt pour les boutonnieres; on les poſe ſur ſes rainures, & preſſant la pointe du carreau à l'envers de la boutonniere le long de ſon milieu, ſes côtés s'uniſſent & ſe relevent. 2°. Le Billot ſert à applatir les coutures tournantes, & le Paſſe-carreau à applatir pareillement les coutures droites & longues. On les poſe ſur ces inſtruments, & on les preſſe à l'envers avec le carreau; il ſert encore de la même façon à unir toutes les coutures des rabattements de la doublure avec le deſſus. 3°. Le Patira ſert à unir les galons après qu'ils ſont couſus; on met deſſus l'étoffe galonnée, le galon en deſſous, du papier entre le galon & le patira, & on preſſe le carreau à l'envers; mais aux galons de livrée veloutés, on ne met point de papier, de peur de glacer le velours.

Nota. Qu'aux draps ſeuls, afin de conſerver leur luſtre aux endroits des coutures, il faut, auſſi-tôt qu'on a levé le carreau, appuyer ſon bras à plat ſur la couture, & l'y laiſſer juſqu'à ce qu'elle ſoit refroidie, parce que la chaleur du carreau pompe une humidité en ermée dans l'apprêt du drap qu'on empêche par cet expédient de s'évaporer.

Le Bureau: les Tailleurs nomment ainſi la table quelconque ſur laquelle ils tracent & taillent leurs étoffes.

L'Etabli eſt la table ſur laquelle ils couſent & travaillent aſſis à plat, les jambes croiſées.

CHAPITRE VI.

Des Points de Couture.

Comme la connoiſſance des différents points de couture eſt eſſentielle aux Tailleurs, on va tâcher de les détailler ici le plus intelligiblement qu'il ſera poſſible, en les accompagnant de figures qui puiſſent aider à les faire comprendre. La figure de chacun eſt deſſinée ſur trois faces, au bas de la Pl. 5. l'une repréſente l'épaiſſeur des étoffes vues de face & un peu éloignées l'une de l'autre, pour faire appercevoir le chemin que le point parcourt; l'autre fait voir l'apparence des points ſerrés du côté où l'on coud; la troiſiéme montre le même point vu par-deſſous.

POINTS SIMPLES　　　　　　　　　　PLANCHE 5.

1.

Le point devant.

Piquez les deux étoffes du haut en bas & du bas en haut toujours également ſans vous arrêter, *a* deſſus, *b* deſſous.

2.

Le point de côté.

Après avoir piqué les deux étoffes de bas en haut, ramenez par dehors le fil en deſſous; continuez toujours de même; quand le deſſous dépaſſe, on pique au travers, *c* deſſus, *d* deſſous.

3.

L'arriere-point ou point-arriere.

Les deux étoffes piquées de bas en haut, repiquez de haut en bas, au milieu du point en arriere, & toujours ainfi d'un feul coup de main fans changer l'aiguille de fituation & fans vous arrêter, *e* deffus, *f* deffous.

4.

Le point lacé.

Il fe travaille comme le point-arriere, excepté qu'il fe fait en deux temps; quand vous êtes revenu en haut, vous ferrez le point; puis retournant l'aiguille la pointe en bas vous repiquez en arriere comme au précédent; celui-ci eft le plus folide des points fimples, *g* deffus, *h* deffous.

POINTS A RABATTRE ET DE RENTRAITURE.

On appelle *points à rabattre & de rentraiture*, ceux dont on fe fert quand après avoit joint deux étoffes enfemble par leurs bords à l'envers avec un point fimple, & les avoir retournés à l'endroit tout le long de ladite couture, on s'en fert pour ferrer les deux retours l'un contre l'autre; ce qui rend la jonction des pieces extrêmement folide.

5.

Le point à rabattre fur la main.

Piquez de haut en bas, puis de bas en haut, toujours en avant, les points près à près, & à égale diftance, *i* deffus, *m* deffous.

6.

Le point à rabattre fous la main.

Il fe fait comme le précédent, excepté qu'ayant percé l'étoffe fupérieure, vous allez par dehors piquer l'étoffe inférieure au travers; puis vous les percez toutes deux en remontant: on fe fert de ce point pour coudre la doublure au-deffus quand il la dépaffe: *k* deffus, *n* deffous.

7.

Le point à rentraire.

Ce point s'exécute comme le point à rabattre fur la main; mais il fe fait en deux temps comme le point lacé en retournant l'aiguille; avant d'employer celui-ci on coud, comme il eft dit ci-deffus, les deux envers avec quelqu'un des points fimples; puis on retourne la piéce à l'endroit, & tirant de chaque main pour découvrir où eft la couture, on ferre avec ce point les deux retours l'un près de l'autre: les points doivent être très-courts & prendre très-peu d'étoffe pour s'y confondre, de façon qu'à peine puiffe-t-on les appercevoir; *l* deffus, *o* deffous.

Le

Le point perdu.

Suivez le même procédé qu'on vient de donner pour rentraire ; vous ferez ici le point arriere , qu'à peine doit-on appercevoir ; c'est ce qu'on nomme dans ce cas le *point perdu*.

Nota. Que le point de rentraiture est celui qu'on fait aux draps, à la ratine & autres étoffes qui ont de la consistance ; & qu'aux étoffes de soie légeres, comme la lustrine , le camelot de soie, &c. on se sert du point perdu.

Le numéro 8 est relatif à la Couturiere ; on y renverra quand on traitera son Art ci-après.

Les points qui forment les boutonnieres.

Toute boutonniere n'est pas construite par le Tailleur : il s'en fait de diverses façons, soit en galon, en broderie, &c. qu'il ne fait qu'espacer & coudre ; mais quand il les forme lui-même il se sert de trois sortes de points : d'abord il trace sa boutonniere avec deux points longs & paralleles *r* , qu'il nomme *points coulés* ; ces deux points dessinent, pour ainsi dire, la boutonniere, & c'est leur disposition qu'il appelle *la passe* : il enferme la passe d'un bout à l'autre dans ce qu'il nomme *le point de boutonniere* , & finit par faire les deux brides, une à chaque bout, par trois petits points coulés près-à-près qu'il enferme ensuite dans une rangée de points noués.

Le point de boutonniere *t* , se pique de dessus en dessous, le long de la passe, se releve ensuite un peu en arriere & d'équerre à la passe ; l'aiguille ayant repercé en dessus, on la fait entrer, avant de serrer, dans l'espece d'anneau que la premiere piqûure a formé le long de la passe, ce qui fait un nœud qui prend la passe en se serrant ; on continue ainsi jusqu'à ce que toute une passe soit couverte de nœuds ; on les travaille ainsi toutes deux ; il ne s'agit plus que de faire une bride à chaque bout.

Pour faire la bride, on commence par trois petits points coulés près-à-près du sens des points de boutonniere ; puis on les enveloppe avec le point de bride qui est une espece de point noué tel qu'on peut le comprendre par la figure *S* ; ce point n'entre pas dans l'étoffe, il ne prend que les trois points coulés.

CHAPITRE VII.

Prendre la Mesure.

Ici commence le travail du Tailleur.

L'habit complet confiſtant, comme on a déja dit , en juſtaucorps, veſte & culotte , il eſt néceſſaire que ces trois parties ſoient proportionées à celles du corps qu'elles doivent couvrir : il faut donc prendre les meſures de chacune ſur la perſonne pour laquelle elles doivent être faites ; c'eſt la premiere opéra-tion du Tailleur ; elle s'exécute avec des bandes de papier larges d'un pouce & couſues bout à bout juſqu'à la longueur ſuffiſante , ce qui s'appelle une *meſure.*

On porte ſucceſſivement cette meſure depuis le bout qu'on a déterminé être celui d'enhaut par une hoche qu'on a faite à ſon extrémité, aux endroits dont on doit connoître les dimenſions, ſoït en longueur, ſoit en largeur; on marque chacune ſur la meſure par un ou deux petits coups de cizeau. Le Tailleur doit reconnoître par la ſuite toutes ces hoches & entailles; un peu d'habitude y par-vient aiſément.

Dans le tems que le Tailleur prend la meſure , il doit encore obſerver ce qu'il ne peut marquer ſur le papier; c'eſt la ſtructure du corps , comme les épaules hautes ou avalées, la rondeur & la tournure du ventre, la poitrine plate ou éle-vée, &c. afin de tailler en conſéquence ; à l'égard des défauts de conformation , ſon Art eſt de les pallier par des garnitures, ſoit de toile, de laine, de coton, &c. pour les plus conſidérables, on taille au prorata une houette gómmée , on l'ouvre en deux , & on la garnit de crin à matelas.

Meſures en papier. Pl. 7, Fig. VI.

a, Groſſeur du bras.	*m*, Hauteur de la poche de l'habit.
b, Quarrure du derriere.	*n*, Longueur de la veſte.
c, Quarrure du devant.	*o*, Longueur du derriere de l'habit.
d, Longueur juſqu'au coude.	*p*, Longueur du devant de l'habit.
e, Longueur du bras.	*q*, Groſſeur de la culotte au genou.
f, Groſſeur du milieu du corps.	*r*, Groſſeur au milieu de la cuiſſe.
g, Groſſeur du haut.	*s*, Groſſeur au haut de la cuiſſe.
h, Groſſeur du bas.	*t*, Groſſeur de la ceinture.
i, Longueur de la taille.	*u*, Longueur de la culotte.
l, Hauteur de la poche de la veſte.	

Nota. Que quoique toutes ces meſures ſe marquent toujours ſur la même ban-de de papier, celles de la culotte ſeulement ont été miſes dans la Planche ſur une ſeconde bande pour éviter la confuſion.

Il a paru convenable pour éclairer davantage cette opération, de la tranſporter fur le fujet même ; c'eft pourquoi on a deffiné les trois Figures *A B C, Pl.* 4, fur lefquelles les mefures font marquées aux endroits où le Tailleur les prend.

Pl. 4, *Fig. A, pour le juftaucorps.*

a, Quarrure de derriere.

bb, Quarrure de devant.

cc, Groffeur du haut du corps.

g, Groffeur du milieu du corps paffant fous les bras.

h, Groffeur du bas du corps.

d, Groffeur du bras.

e e, Longueur du bras jufqu'au coude.

ff, Longueur de tout le bras.

mm, Longueur de la taille.

ii, Longueur jufqu'à la poche du juftaucorps.

l, Longueur du devant du juftaucorps.

p, Longueur du derriere du juftaucorps.

Fig. B, pour la vefte.

Les mefures fe prennent comme pour le juftaucorps, mais un peu plus juftes pour la vefte dans toutes fes proportions, c'eft-à-dire qu'au juftaucorps on ne porte la mefure que jufqu'au bout des boutonnieres en devant, & que les mêmes mefures doivent aller jufqu'au bord de la vefte ; il ne refte plus qu'à prendre fa longueur jufqu'à la poche.

o, Longueur de la vefte.

n, Longueur jufqu'à la poche.

Fig. C, pour la culotte.

q, Le tour de la ceinture.

r, Le haut de la cuiffe.

s, Le milieu de la cuiffe.

t, La groffeur au genou.

u, La longueur de la culotte.

CHAPITRE VIII.

Tracer fur le Bureau.

AVANT de décrire la maniere de tracer à la craie & de tailler tout vêtement, il eft bon d'obferver préalablement que parmi les étoffes qui fervent à l'habillement, plufieurs étant de largeurs différentes, on pourroit être embarraffé de favoir la quantité d'aunes que l'on doit employer, fi on n'avoit pas une regle générale de proportion de laquelle on puiffe partir pour connoître ce qu'il faut d'étoffe de plus ou de moins fur la longueur, relativement à fa largeur. Cette regle eft tirée du Livre de Benoît Boulay, dont il eft parlé dans l'Avant-propos. Il dit que » s'il manque deux doigts ou environ, c'eft-à-dire, un pouce & » demi fur une aune de large, ce fera une diminution d'un demi quart fur trois » aunes ; qu'ainfi fi on a befoin de trois aunes de long fur une aune de large, & » que l'étoffe ait un pouce & demi moins de l'aune fur fa largeur, on fera obli- » gé de rapporter ce pouce & demi fur la longueur, & de prendre trois aunes » demi quart de long ; enfin il faut ajouter en longueur ce qui manque en lar- » geur.

Le Tailleur étant muni de fa mefure & de l'étoffe qu'il va employer, il commencera, si c'est du drap, par en arracher les lisieres ; ensuite il l'étend sur le bureau, & le plie bien exactement en deux sur sa longueur ; si c'est une étoffe étroite, il la plie en deux moitiés sur sa largeur ; ainsi il a toujours l'étoffe double ; il trace sur celle de dessus, & coupe toutes les deux du même coup de cizeau.

Il est bon qu'il ait plusieurs modeles en papier de différentes tailles & grosseurs, jusqu'à la hauteur de la patte seulement, ce qui l'aide beaucoup pour tracer le corps de l'habit : quand il en a choisi un qui aille à peu-près à sa mesure, il l'applique sur l'étoffe où il le trace légérement avec de la craie ; puis portant sa mesure à plat de place en place, & faisant une marque de craie à l'extrémité de chaque mesure, il dessine ensuite entiérement le corps, en passant sa craie par toutes les marques qu'il vient de faire : il aura aussi des modeles pour les manches, les parements & les devants de culotte ; mais il doit avant de faire cette opération, avoir combiné ses places pour toutes les piéces de l'habit, de façon qu'après qu'il les aura coupées, il se trouve le moins de déchet que faire se pourra : chacun a sa routine ; mais ceux qui demandent plus d'étoffe qu'il n'en faut à d'autres, ne sont pas les plus habiles à la taille ; ou bien, &c.

REMARQUES.

Aux étoffes qui ont du poil, le sens de l'étoffe est du côté où le poil descend, il n'y a qu'aux velours où il doit être en haut ; comme aussi à toutes étoffes à figures il ne faut pas que le dessein soit renversé.

Celles qu'on a choisies ici pour servir à la description des vêtements qui vont suivre, sont en étoffes larges, le drap de quatre tiers de largeur, & en étroites le velours de demi-aune ou environ.

Le Tailleur auquel on s'est adressé, a disposé ses traces comme elles sont représentées, Planches 7. 8. 9. 10. & 11.

L'Habit complet en drap de quatre tiers de large, tracé dans trois aunes & demi de long, Planche 7, Figure I.

JUSTAUCORPS.

A A, Les deux devants.
B B, Les deux derrieres.
C C, Les quatre quartiers de manches.
D D, Les quatre quartiers de parements.
E, Les deux pattes.
F, Les chanteaux des deux devants (*).
G, Les deux crans (**).

(*) Comme les termes de *chanteau* & de *cran* ne sont gueres connus que par les Tailleurs, on saura qu'ils appellent *chanteau* un morceau pris quelque part, comme en *F*, pour l'ajouter à une piece, qui, à cause de sa longueur ou largeur, n'a pu être prise toute entiere dans l'étoffe. Par exemple, comme l'étoffe qui doit faire les plis des devants *A A*, a cessé nécessairement au bord du drap en *o o*, sans avoir toute son étendue, on a tracé les chanteaux *F*, qui se couseront par la suite le long de *o o*, & termineront la piece.

(**) Le *cran* est un petit morceau quarré qu'on ajoute au haut du pli de derriere du Justaucorps ; mais comme cette manœuvre demande un détail particulier, on la trouvera à l'endroitq ni a pour titre *les plis*.

VESTE

Veste.

a a, Les deux devants.
b b, Les deux derrieres.

c c, Les quatre quartiers de manches.
d, Les deux pattes.

Culotte.

1, Les deux devants.
2, Les deux derrieres.

3, Les deux pieces de la ceinture.
4, La petite patte de devant.

On ajoute un bord de col de quatre à cinq lignes de large quand il est redoublé autour du haut du justaucorps & de la veste, pour les border & fortifier ; on ajoute aussi à la culotte une petite sous-patte pour border la poche en travers. Ces morceaux sont si peu de chose, qu'on ne les met pas ici en ligne de compte ; on les trouvera par-tout dans le déchet.

Quand la culotte est à pont, c'est-à-dire, fermée par devant, on y ajoute trois pieces, pour l'intelligence desquelles voyez sa description à la fin du Chapitre neuvieme, celle de la culotte de peau, & la *Pl.* 4, *Fig. F.*

Nota. Pour que la culotte n'ait ni trop, ni trop peu de fond, on prend un des devants taillés, on le pose sur les derrieres ; on prend un fil ou une ficelle, dont on met un bout à l'entre-jambe, comme centre ; on porte l'autre bout, ayant de la craye à la main, au côté où sera la poche en long ; alors la ficelle tendue, on trace avec la craie sur le derriere, une portion de cercle qui marquera la juste proportion du fond.

L'Habit complet en Velours, ou autres étoffes étroites, d'une demi-aune de large, tracé dans neuf aunes de long, Pl. 7, Fig. II. & deuxieme II.

Ces deux Figures représentent une piece d'étoffe étroite de demi-aune de large & de neuf aunes de long ; on l'a séparée sur sa longueur, ce qui ne doit pas être ; mais on y a été contraint, parce quelle n'auroit pas pu tenir dans la Planche en un seul morceau : supposant donc qu'elle est de toute sa longueur pliée en deux.

Justaucorps.

a a, Les deux devants.
b b, Les deux derrieres.
c c, Les quatre quartiers de manches.
d d, Les quatre quartiers de parements.

e, Les deux pattes.
f, Les deux chanteaux de devant.
f, Les deux chanteaux de derriere.
g, Les deux crans.

Veste.

h h, Les deux devants.
i, Les deux pattes.
l, Les deux basques de derriere.
 TAILLEUR.

m m, Les quatre bouts de manches en amadis.

E

CULOTTE.

n, Les deux devants. | *o*, Les deux derrieres.

On ne voit point ici à la veſte ni derrieres ni manches, parce qu'on ne fait preſque jamais ces parties de la même étoffe du deſſus, non-ſeulement au velours, mais aux étoffes d'or ou d'argent, & très-rarement à celles de ſoie. Au velours, parce qu'il feroit perpétuellement remonter l'habit ; aux étoffes d'or, d'argent & de ſoie, pour en épargner le prix, & attendu qu'il eſt inutile de les employer où elles ne ſe voyent point ; on met au dos & aux manches de toutes ces veſtes quelque autre étoffe de moindre valeur, comme toile, futaine, bazin, &c. Ces veſtes ont alors ce que les Tailleurs appellent *les défauts* ; on ajoute ſeulement des bouts de manches en amadis de l'étoffe du deſſus, & les baſques de derriere, parce que ces parties ſont viſibles.

L'Habit complet ſéparé. Planche 7, Figures III, IV & V.

Ces trois figures repréſentent en étoffes larges, les traces d'un juſtaucorps ſeul, d'une veſte ſeule, & d'une culotte ſeule, en drap de quatre tiers ; le juſtaucorps eſt fait en deux aunes, la veſte en une aune, la culotte en une demi aune.

LE JUSTAUCORPS *ſeul, Fig. III.*

A A, Les deux devants. | *E*, Les deux pattes.
B B, Les deux derrieres. | *F*, Les deux chanteaux de derriere.
C C, Les quatre quartiers de manches. | *G*, Les deux chanteaux de devant.
D D, Les quatre quartiers de parements. | *H*, Les deux crans.

LA VESTE *ſeule, Fig. IV.*

a, Les deux devants. | *c*, Les quatre quartiers de manches.
b, Les deux derrieres. | *d*, Les deux pattes.

LA CULOTTE *ſeule, Fig. V.*

1, Les deux devants. | 3, Les deux pieces de la ceinture.
2, Les deux derrieres.

En velours ou étoffe étroite, pour le juſtaucorps, ſix aunes ; pour la veſte, une aune, à cauſe des défauts. *Voyez* le titre *Veſte & culotte*, ci-après. Pour la culotte, une aune & demie.

Dans la *Pl. 4, Fig. E* eſt repréſenté un François en habit complet.

LE SURTOUT ET LE VOLANT.

Le Surtout eſt proprement un juſtaucorps de campagne, qui cependant eſt

devenu très-commun à la ville ; on le met par-deſſus la veſte, comme le véritable juſtaucorps, la ſeule différence entre eux, eſt que le juſtaucorps a des boutons & des boutonnieres du haut en bas, le long des devants, au lieu que celui-
ci n'en a que juſqu'au niveau des pattes, & trois boutonnieres de chaque côté
à l'ouverture de derriere ; on lui ajoute quelquefois un collet.

Le Volant eſt de même une eſpece de juſtaucorps ; mais les différences en ſont
plus grandes qu'au précédent : 1° il n'a ni boutons ni boutonnieres aux manches ;
2°. point de pattes ni poches ; 3°, il croiſe par derriere ; 4°, on lui met un colet
avec un bouton & une boutonniere : il ſe met communément par-deſſus le juſtaucorps.

LA FRAQUE ET LE VESTON.

La Fraque eſt auſſi une eſpece de juſtaucorps imaginé depuis peu ; il a peu de
plis, & n'a point de pattes.

Le Veſton eſt une eſpece de veſte de nouvelle datte ; il eſt à baſques très-cour-
tes, & il a de petites pattes, au haut deſquelles eſt communément l'ouverture
de la poche ; on s'en ſert volontiers par-deſſous la redingotte ci-après.

LA REDINGOTTE.

La *Pl. 8. Fig. II.* repréſente la trace des piéces de la Redingotte, vêtement
qui n'eſt pas bien ancien en France ; il tire ſon origine d'Angleterre ; nous l'a-
vons adopté, & il eſt maintenant très-commun parmi nous : l'expreſſion Angloiſe
que nous avons franciſée, eſt *Ridinchood*, qui ſignifie habit ou manteau pour
monter à cheval, dont nous avons formé le mot *Redingotte*. Cet habit eſt une
eſpece de manteau à manches, garni de boutons & boutonnieres juſqu'à la
ceinture.

On la conſtruit de drap ou autre étoffe forte & de réſiſtance ; on l'a tracée ici
dans deux aunes & demie de drap de quatre tiers de large.

a, Les deux devants.	*ff*, Le parementage (*).
b, Les deux derrieres.	*n*, Le colet.
c c, Les quatre quartiers de manches.	*m*, La rotonne (**).
d d, Les quatre quartiers de parements.	

Le *droit fil* exprimé dans la note ci-deſſous, dont il ſera ſouvent queſtion par
la ſuite, eſt une bande de groſſe toile qu'on place en certains endroits, entre
l'étoffe & la doublure, pour leur donner de la fermeté.

Dans la *Pl. 4. Fig. D*, eſt repréſenté un François en redingotte.

(*) *Parementer*. Le pa-ementage eſt un morceau
de l'étoffe du deſſus, que l'on coud au lieu de
doublure, *un droit fil entre deux* dans certains endroits, pour les fortifier, quand le reſte n'eſt point
doublé : il ſert ici à border le bas de la redingotte
qu'on ne double pas.

(**) La *Rotonne* eſt une eſpece de colet large
tombant ſur les épaules au deſſous du véritable
colet.

La Roquelaure.

La *Fig.* I repréfente la trace des pieces de la Roquelaure, efpece de manteau imaginé fuivant l'apparence par quelqu'un de la maifon. C'eft un vêtement très-commode pour voyager à cheval; on y met quelques boutons & boutonnieres vers le haut: elle fe fait ordinairement de drap; elle eft ici de même largeur & aunage que la précédente.

A, Les deux devants.
B, Les deux derrieres.
C, Les deux chanteaux de devant.

D, Les deux chanteaux de derriere.
E, Les deux pieces du colet.

La Soutanelle.

La Soutanelle eft proprement le juftaucorps des Eccléfiaftiques; elle fe diftingue du juftaucorps laïque, en ce qu'elle n'eft pas dégagée du bas, c'eft-à-dire, qu'elle n'ouvre pas par devant en bas ni par derriere, qu'elle n'a aux côtés que quatre plis, point de demi-pli, qu'elle ne croife point & n'a point de pli par derriere, & qu'elle n'a que dix-huit ou vingt boutons plus petits que des boutons de vefte.

La Soutanne.

La *Fig. III*, repréfente la trace des piéces de la Soutanne; c'eft la robe Ecclé-fiaftique: elle prend la taille comme un juftaucorps; mais enfuite elle s'élargit, defcend jufqu'aux pieds & touche à terre: elle fe fait toujours de drap noir; elle eft prife ici en trois aunes de long d'un drap de quatre tiers de large.

AA, Les deux devants.
BB, Les deux derrieres.
CC, Les quatre quartiers de manches.
DD, Les quatre quartiers de pare-

ments.
E, Les deux chanteaux de devant.
F, Les deux chanteaux de derriere.
G, bandes pour border le tour du bas.

La *Fig. I*, de la *Pl.* 4, repréfente un Prêtre en foutanne.

La Robe de Palais.

La *Fig. I.* de la *Pl.* 9, repréfente la trace des pieces de la robe de palais: cette Robe eft particuliere aux gens de Juftice, & ne leur fert que dans le tems de leurs fonctions; elle doit traîner à terre par derriere; il faut quatorze aunes d'étoffe étroite de demi-aune de large, pliée en double fur fa largeur; n'ayant pu mettre la piece en entier dans la Planche, on l'y trouvera en deux parties.

A, Les deux devants.
B, Les deux derrieres.
C, Les deux chanteaux de devant.
D, Les deux chanteaux de derriere.

{ *E*, Les deux quartiers du deffous des manches. } Ces fix quartiers font les
{ *FG*, Les quatre quartiers du deffus des manches. } deux manches entieres.
HH, Les quatre bandes des plis des manches.

On

On trouvera dans le déchet de quoi faire le bord de col.

La *Fig. G* de la *Pl.* 4, repréſente un homme de Juſtice en robe de Palais.

La Robe de chambre.

Elle ſe peut conſtruire de deux manieres, ou à manches rapportées ou en chemiſe : on les a tracées ici toutes deux ; l'une & l'autre ſe fait en ſix aunes d'étoffe étroite.

La *Fig. II*, repréſente la trace des pieces de la Robe de chambre à manches rapportées.

a, Les deux devants.
b, Les deux derrieres.
c c, Les quatre quartiers de manches.
dd, Les quatre quartiers de parements.
e, Les deux chanteaux de derriere.
f, Les deux chanteaux de devant.
g, Le collet.

La *Fig. III.* repréſente la trace des pieces de la Robe de chambre en chemiſe.

A A, Les deux devants.
B B, Les deux derrieres.
C, Les deux chanteaux de devant.
D, Les deux chanteaux de derriere.
E, Les deux moitiés de ceinture.
F, Les deux manches : la ligne ponctuée marque l'endroit où on les plie.
G, Le collet.
H, Les gouſſets.

Le Manteau.

La *Fig. I*, *Planche* 16, repréſente la trace des pieces du Manteau François : Planche 16 il eſt aſſez ancien parmi nous ; c'eſt peut-être la raiſon pour laquelle il a paſſé de mode, & en même temps celle qui l'y fera revenir ; car il eſt très-bon pour garantir du froid à pied & à cheval.

Il ſe fait toujours, pour une taille ordinaire, dans quatre aunes de drap, communément de drap écarlate ; il dépaſſera le juſtaucorps de trois à quatre pouces. Pour le tracer, on ne redouble point le drap, on l'étend de toute ſa largeur ; puis on prend deux centres *a a*, l'un d'un côté dans la ſeconde aune, l'autre de l'autre côté dans la troiſieme aune ; de chaque centre tracez un demi-cercle, ces deux demi-cercles dont le diametre ſera d'environ une aune un quart, doivent ſe rencontrer au milieu de l'étoffe en *d* ; coupez autour de chaque centre un petit demi-cercle d'un grand quart de diametre pour l'ouverture du col ; *hh* feront les deux moitiés du collet ou rotonne : on prendra dans le déchet deux morceaux ſuffiſants pour doubler par devant un eſpace vers le haut.

Le déchet, il eſt vrai, eſt conſidérable dans un drap de quatre tiers ; mais dans un drap d'une aune on ne pourroit éviter les coutures, attendu qu'il faudroit prendre des chanteaux pour terminer les demi-cercles.

La *Fig. PP*, *Pl.* 3 repréſente un François enveloppé dans ſon manteau.

Le Manteau court d'Abbé.

Le Manteau court est une des marques distinctives des Abbés; il se fait toujours en étoffe legere & étroite, d'environ une demi-aune, comme voile, étamine, &c. Il en faut quatre aunes & demie; il doit dépasser la soutanelle d'environ deux pouces.

La *Fig. II* représente la trace des pieces du manteau court.

Commencez par prendre un centre *A*, duquel vous tracerez un demi-cercle avec la craie, dont le diametre soit une aune plus ou moins, suivant les tailles; posez votre étoffe à un bout du demi-cercle, & l'étendez tout le long du diametre; coupez-la en *a* & en *b*; portez ce qui vous restera d'étoffe *AA* en *CC*; accollez ce restant au premier lez *a b*, le dernier bout *x* dépassera les deux portions de cercle de la seconde coupe *dd*, suffisamment pour y trouver le chanteau *e* & le contre-chanteau *f*, qui doivent remplir le reste du demi-cercle marqué par une ligne ponctuée; vous y trouverez aussi le collet *g* & sa doublure *h*; tracez & coupez le petit demi-cercle d'un quart de diametre pour l'ouverture du col *A*.

La *Fig. H* de la Planche 4, représente un Abbé en manteau court.

Le Manteau long Ecclésiastique.

Ce Manteau, qui, comme le précédent, n'occupe que le dos, est affecté aux seuls Ecclésiastiques dans les Ordres; il est très-long & traîne à terre; il se fait toujours en étoffe étroite & légere, de demi-aune de large; il en faut neuf aunes.

Le bureau du Tailleur est rarement assez grand pour pouvoir y tracer & tailler ce Manteau. On commencera à le tracer à la craie sur un plancher balayé & bien propre. La Planche 11, représente la trace du Manteau long.

Prenez un centre comme à tous les manteaux ci-dessus, & faites un demi-cercle avec de la craie, dont le diametre *a a* soit de trois aunes (la circonférence de ce demi-cercle est ponctuée dans la figure); ensuite au-delà, en dehors, vis-à-vis de son centre, avancez une ligne droite qui ait un tiers d'aune de long, (cette ligne est aussi ponctuée en *o*); vous partirez de son extrémité pour tracer la courbe *b b b*, qui doit venir joindre en mourant les deux bouts du diametre *a a*; cet allongement formera la queue traînante; tracez le petit demi-cercle pour l'ouverture du col: cela fait, prenez vos neuf aunes d'étoffe, posez-en un bout à une extrémité du diametre *a a*, & l'étendez tout le long passant par le centre; coupez votre étoffe en suivant les deux premieres courbures; prenez le surplus *A* de l'étoffe, portez-le en *A 2*; couchez ce second lez le long du premier; coupez celui-ci en *B*; portez cette seconde coupe en *B 2*; coupez en *C*; portez en *C 2* le reste de l'étoffe, il en dépassera une portion *M*, où vous prendrez aisément de quoi faire un collet pareil au précédent.

La Camisole *ou* Gilet.

La camisole, autrement gilet, se met ou sur la peau ou par dessus la chemise : sur la peau, elle ne se fait qu'en flanelle ; si elle se met sur la chemise, on la fait en toutes étoffes chaudes & légeres. Elle se construit avec ou sans manches, & se taille à-peu-près comme une veste de laquelle on auroit supprimé les basques ; on taille le dos presque tout droit ; on ne la double point, on ajoute aux devants simplement deux bandes de la même étoffe, à cause des boutons & boutonnieres qui vont du haut en bas : on ne doit y mettre que des petits boutons plats.

CHAPITRE IX.

Tailler, traiter &C monter l'Habit complet.

Justaucorps.

Après avoir enseigné & démontré par Figures les traces des piéces de l'habit complet, suivies de celles des autres vêtements François compris dans ce Traité, on revient ici à son entiere construction, qui sera suivie de quelques circonstances particulieres attachées à celle des susdits habillements.

Tailler un vêtement quelconque, c'est en couper toutes les pieces après les avoir tracées sur l'étoffe ; ensuite de quoi il s'agit de les traiter à l'aiguille.

Traiter, signifie coudre à tout vêtement ce qui doit nécessairement y être ajouté.

Monter l'habit, est coudre en place les devants aux derrieres, les manches, la plissure : cette derniere façon est la plus difficile à bien exécuter ; c'est pourquoi lorsque le Maître n'y sçauroit vaquer, il en charge le plus habile de ses Garçons.

Il a été déja dit au Chapitre second, qui traite de l'idée générale de l'Art du Tailleur, que l'habit complet, qui est justaucorps, veste & culotte, est le vêtement le plus compliqué, c'est-à-dire, que tous les principes y font renfermés ; c'est pourquoi on le prend ici pour exemple, afin de détailler ces regles, & de les expliquer le mieux qu'il sera possible.

Après que toutes les pieces du justaucorps, ainsi que celles de la veste & de la culotte, ont été tracées, commencez à tailler d'abord les derrieres, puis les devants, les manches, les chanteaux ; le surplus sera pour la ceinture de culotte, les pattes, &c.

Les pieces étant taillées, la premiere chose que vous devez faire est de fortifier par des droit-fils (*) le haut des plis de côté, tant des devants que des

---

(*) Ce qu'on nomme un *droit-fil*, est une bande | tache à l'envers de l'étoffe aux endroits qu'on veut
de toile forte, large d'un à deux pouces, qu'on at- | fortifier.

derrieres, pour éviter qu'en travaillant enfuite l'habit, ces endroits, déja entaillés par le cifeau, ne viennent à être déchirés ; vous y ajouterez donc, & y couferez à chacun un droit-fil que vous tournerez en fer à cheval renverfé ; vous engagerez la partie du droit-fil qui s'attache au premier pli des devants dans la couture des pattes, quand on les attache pour couvrir l'ouverture des poches ci-après ; à l'égard du pli du derriere, vous le formerez tout de fuite, & y ajouterez le cran.

PLANCHE 5.

LE CRAN.

Le Cran *CC, Pl.* 5, eft un petit morceau quarré pris dans les recoupes de l'étoffe du deffus (*Voyez les traces du Juftaucorps ci-devant*), dont la deftination eft de remplir un vuide qui fe fait naturellement entre le pli de derriere & fon ouverture, lorfqu'on forme ce pli ; c'eft afin de pouvoir le former, qu'on a donné en taillant le derriere un coup de cifeau *D* en travers de l'étoffe ; lorfqu'on la replie en deffous de *E* en *F*, ligne ponctuée *Fig. B*, on amene néceffairement le furplus de l'étoffe *E*, qu'on a laiffée exprès pour remplir un intervalle *G*, entre le pli & l'ouverture de derriere, d'environ 4 pouces de large, parallélement au dos apparent dudit pli *H* jufqu'en bas, & afin d'efpacer jufte ces deux paralleles, c'eft-à-dire, celle du dos du pli avec la fente du derriere, on prend la bande de papier qui a fervi de mefure ; on la tend du haut en bas, depuis *m*, paffant près de *l* & finiffant en *k*, toujours en ligne droite ; alors on enfonce fon pli parallele à ladite bande, le long de laquelle on coupe enfuite le bord de la fente du derriere : c'eft entre ces deux diftances, que l'on fera de chaque côté les boutonnieres de derriere, qui ne fervent que d'accompagnement à ladite ouverture.

En faifant cette opération, c'eft-à-dire, en pouffant en deffous le pli, le haut de l'étoffe s'eft incliné, ce qui a formé un vuide entre le coup de cifeau fufdit & le haut de l'étoffe. Pour remplir l'intervalle entre le pli & la fente de derriere, il s'agit de boucher ce vuide avec une piece ; car il feroit mal qu'on apperçût en cet endroit apparent une couture en biais : pour y remédier on augmente le vuide, & on le rend quarré par un coup de cifeau parallele au premier, obfervant de couper l'étoffe à la diftance qu'on donnera par la fuite d'une boutonniere à l'autre ; car chaque côté de l'ouverture du derriere doit avoir plufieurs boutonnieres : on ferme enfuite ce quarré vuide avec le cran *C*, & lorfqu'on fait les boutonnieres, on travaille la premiere autrement la plus haute fur la couture qui joint le cran avec le premier coup de cifeau, & la feconde fur celle qu'on a faite au-deffous : de cette façon les deux coutures font cachées par les boutonnieres ; mais fi l'habit eft bordé, le Tailleur n'ayant point de boutonnieres à y conftruire, il doit faire en forte qu'il n'y ait point de vuide quand il forme fon pli ; c'eft une adreffe de fa part, au moyen de laquelle, en employant un peu plus d'étoffe, il fupprime le cran, & n'a qu'une couture à faire qui eft indifpenfable.

LES BOUTONNIERES.

Lorfque le cran fera pofé, prenez celui des devants qui doit porter les boutonnieres, coupez un morceau de bougran (*) qui puiffe aller du haut en bas ;

(*) *Le Bougran* eft fait de vieux draps de lit ou de vieille toile à voile gommés.

de

de ce devant, depuis l'épaulette, où vous lui donnerez quatre doigts de large, tail-
lez-le en élargiſſant de façon qu'il ſe trouve paſſer à deux doigts de l'emmenchure, depuis laquelle vous l'étrecirez en douceur juſques vers le lieu de la ſept
ou huitieme boutonniere, d'où il doit continuer juſqu'au bas un peu plus large
que ne ſera la longueur des boutonnieres que vous devez faire ; bâtiſſez-le en entier à l'envers de l'étoffe.

Eſpacez & marquez les boutonnieres. Pour cette opération, prenez une carte
à jouer (elles ont communément deux pouces de large) ; poſez-la ſur ſa largeur
à un travers de doigt du bord & à deux doigts du haut du devant ; marquez ſur
l'étoffe un point de craie au bout de ſes deux carnes ; ôtez la carte ; blanchiſſez
un fil, en le frottant de craie, vous l'appuyerez ſur l'un des points blancs, & par
une ſecouſſe que vous lui donnerez après l'avoir tendu, il marquera ſur l'étoffe
un trait blanc dont vous fixerez la longueur à l'autre bout par un coup de craie.
Cette longueur qui déſignera celle de la boutonniere, eſt communément entre
deux pouces & deux pouces & demi pour le juſtaucorps, & un pouce & demi
pour la veſte ; continuez cette manœuvre, tranſportant toujours la carte en deſ-
cendant juſqu'à environ deux doigts du bas.

Nota. Qu'il ſe fait des boutonnieres plus preſſées que celles dont on vient de
donner la meſure ; mais celle-ci eſt la plus uſitée pour l'habit complet.

Quand toutes les boutonnieres ſeront ainſi marquées, vous les travaillerez
en faiſant d'abord deux points coulés, un de chaque côté de la trace de craie ;
vous fendrez enſuite celles que vous deſtinez à être boutonnées en devant aux
deux tiers de leur longueur : le reſte de la conſtruction eſt expliqué Chap. 6,
& deſſiné au bas de la Planche 5.

Nota. Que les boutonnieres de fil d'or & d'argent ne ſe fendent qu'après
qu'elles ſont achevées.

Une boutonniere, pour être bien faite, doit être un peu relevée, ſaillante &
égale par-tout. Pour la rendre telle, vous commencerez par repouſſer avec l'on-
gle les endroits que l'aiguille en couſant aura trop applatis ; vous la releverez encore, s'il le faut, en la preſſant entre vos dents ; mais alors on doit leur interpoſer
un petit morceau de quelque étoffe de ſoie, de peur que les dents ſeules y faſ-
ſent trop d'impreſſion ; enſuite vous ferez chauffer modérément le carreau & la
craquette, & poſant la boutonniere à l'endroit le long d'une de ſes rainures,
vous ferez couler la pointe du carreau à l'envers le long de cette rainure. Cette
derniere façon relevera les petites inflections, & corrigera les défauts des points
qui ſe feroient dérangés. Enfin, & pour mettre la derniere main à cette opération,
étendez le patira, poſez deſſus le devant, que vous venez de garnir de boutonnieres, l'envers de votre côté ; vous y paſſerez légérement le carreau ; c'eſt une
eſpece de repaſſage qui déchiffonnera votre étoffe ſans applatir les boutonnieres.

Quand tout ceci ſera terminé, vous taillerez un ſecond morceau de bougran
pareil au haut du premier ; car celui-ci ne doit deſcendre qu'à la ſept ou huitie-

me boutonniere ; vous le couserez au premier ; vous ajouterez un droit-fil qui aille du haut en bas ; cousez le tout à surjet, prenant toujours le droit-fil tout le long des bords du bougran, observant de froncer le bord antérieur à l'endroit de la poitrine, pour faire prendre à l'habit le contour & arrondissement qu'il doit avoir en cet endroit.

Boutons. — Prenez votre autre devant, qui est le côté droit, auquel les boutons doivent être attachés ; placez les bougrans & le droit-fil comme à celui des boutonnieres ci-dessus ; puis joignez par un bâtis les deux devants ensemble, observant que chaque point du bâtis perce le devant du côté des boutons vis-à-vis de chaque boutonniere, afin que quand vous le couperez ensuite de place en place, il reste des bouts de fil qui vous indiquent le lieu des boutons.

Les Pattes. — Fendez l'ouverture des poches, dont vous avez ci-devant marqué la place avec de la craie suivant votre mesure ; marquez au-dessous de cette ouverture une ligne courbe *BB, Pl.* 5, *Fig. A* ; puis doublez les pattes, c'est-à-dire, cousez leur doublure : on suppose que vous y avez fait les boutonnieres au nombre de cinq à chacune *E, Pl.* 5 ; attachez-les le long de leur ouverture, les y cousant d'abord à l'envers avec du fil à point devant, puis par l'endroit avec le point de rentraiture ; posez la couture sur le passe-carreau, & pressez au carreau à l'envers. *Ancisez*, c'est le terme de l'art, c'est-à-dire, tailladez l'étoffe du dessus en petites lanieres paralleles, que vous arrêterez toutes à la ligne courbe dont on vient de parler, & ne la passant point ; pliez toutes ces lanieres en dedans sur l'envers.

Les Poches. — Prenez la poche ; elle se fait d'un morceau de toile forte coupée en quarré long, qui redoublé & cousu par les deux côtés devient un petit sac quarré ; prenez donc la toile qui doit faire la poche ; tailladez un de ses bouts en lanieres, pareilles à celles que vous venez de faire à l'étoffe du dessus en portion de cercle ; prenez ensuite un morceau de doublure que vous couserez à l'autre bout de la poche d'une part, & d'autre part à la couture même de la patte, avec le point à rabattre. Les Tailleurs nomment ce morceau de doublure le *parement de poche* ; il ne s'agit plus que de coudre les deux côtés de votre poche pour la fermer ; ensuite vous ferez une bride aux deux côtés de chaque patte vers le haut.

Assembler les derrieres. — Après que les boutonnieres ont été pressées au carreau, & l'ouverture des derrieres ayant eu ses plis, assemblez les deux derrieres, d'abord à l'envers avec du fil, à arriere-point, puis à l'endroit par-dessus l'arriere point avec le point de rentraiture, c'est ce qui fait la couture du dos. On la commence par le bas, c'est-à-dire, au haut de l'ouverture de derriere, & on met un droit-fil en travers pour fortifier.

La Doublure. — Il s'agit maintenant de la doublure qui a dû être taillée piece à piece ; elle doit toujours être un peu plus ample que l'étoffe du dessus ; mettez-la en place, & la bâtissez à grands points ; mais avant de doubler les devants, attachez au bougran vis-à-vis le haut de la poitrine & vers les clavicules, un petit plaftron d'ouate. Il fe trouve prefque toujours un enfoncement en cet endroit, ce plaftron eft deftiné à le remplir: on fe fert auffi de cet expédient aux endroits où les défauts de conformation l'exigent; c'eft ce que les Tailleurs nomment *la garniture*; on y ajoute quelquefois du crin, *Voy. le Chap.* 7. On ne travaille à pofer la doublure que lorfque les poches ont été attachées & les derrieres affemblés; vous la replirez en dedans de deux doigts le long de l'ouverture de derriere; faites un pareil repli au devant qui porte les boutonnieres, depuis la patte jufqu'en bas, & à celui des boutons du haut en bas; vous ferez à tous ces replis un fecond bâti qui prenne le bougran & la doublure; après quoi vous renverferez la doublure pour coudre, & la rabattrez fur le bord de l'étoffe avec de la foie.

Nota. Qu'on a mis pendant quelque tems de la toile de crin entre la doublure & la bafque du juftaucorps, pour la maintenir bien tendue, ce qu'on nommoit *un panier*: quelques-uns veulent encore un demi-panier qui ne defcend que jufqu'à la moitié de la bafque. Comme la doublure aux manches & parements ne s'y met que quand ils font prêts à la recevoir, on l'expliquera ci-deffous en parlant de ces pieces.

Avant de coudre les derrieres aux devants, commencez par les attacher l'un à l'autre avec trois épingles que vous placerez aux endroits où vous avez pris ci-devant la mefure; puis préfentant votre mefure au droit de chaque épingle, vous examinerez fi elle s'y trouve jufte, pour replier le deffus de l'étoffe en cas de befoin; car il eft à fuppofer que vous en avez plutôt laiffé de furplus que de l'avoir taillé trop jufte. Toutes ces précautions prifes, coufez depuis l'aiffelle, autrement l'emmanchure, jufqu'à l'endroit où commencent les plis de côté; coufez enfuite l'épaulete, puis le bord de col: ces coutures fe travaillent comme celles du dos; preffez-les au carreau. Monter.

On a déja dit que le bord de col eft une bande étroite d'un pouce ou environ, que l'on prend dans les recoupes de l'étoffe; il faut la tailler affez longue pour qu'elle faffe le tour du haut du juftaucorps, & en diminuant un peu par les deux bouts; coufez un côté de ce bord de col au juftaucorps avec le point lacé; ployez-le enfuite par la moitié fur fa longueur, pour y renfermer un droit-fil; coufez le tout avec le point-devant. Le bord de col.

Formez tous vos plis de côté, tant des devants *A*, que des derrieres *B*, *Pl.* 5, quatre plis devant, deux plis & demi-pli derriere; pour le devant, pliez d'abord 1, relevez 2, pliez 3, relevez 4; pour le derriere, pliez 1, relevez 2, pliez 3, ce dernier fe trouvera recouvert par le 4 du devant; arrêtez enfemble les dos des plis en haut & en bas, en bas avec un ou deux points, en haut avec plufieurs points d'un gros fil en double.

Formez vos manches, en joignant enfemble les deux quartiers de chacune par différents points de couture, la couture de devant à arriere-point, par-deffus Les manches & parements

lequel fera fait le point de rentraiture, & celle de deſſous le bras à point lacé ;
couſez de la même maniere les deux quartiers de parement ; joignez le parement à la manche par un ſurjet ; preſſez les coutures au carreau à l'envers ſur
le paſſe-carreau que vous ferez entrer dans la manche.

Pour mettre la doublure aux manches après l'avoir couſue à part, elle a la
figure d'un long ſac ouvert par les deux bouts, la manche & le parement, comme il vient d'être dit, ſont à l'envers ; on poſe la doublure à plat ſur la manche
aux coutures de laquelle on la fauxfile, ce qui forme alors comme deux tuyaux
l'un ſur l'autre ; alors paſſant ſa main les doigts étendus dans le conduit de la
doublure, on les ſort à l'autre bout ; & en ſaiſiſſant le deſſus de la manche &
le tirant à ſoi dans le même temps qu'on le pouſſe de l'autre main, il s'étend
par-deſſus la doublure & la renferme.

Faites les boutonnieres au parement au nombre de cinq ; attachez y autant de
boutons ; bâtiſſez enſuite à grands points ſa doublure à l'étoffe du deſſus ; couſez chaque manche à ſon emmanchure à arriere-point, & par-deſſus le point de
rentraiture ; preſſez au carreau toutes ces coutures.

Il faut quatre douzaines de boutons pour un Juſtaucorps.

Veste et Culotte.

La Veſte.   Pour la Veſte, on ſuit entiérement le procédé qui vient d'être expliqué pour
le Juſtaucorps, avec cette différence qu'on ne met point aux devants de double
bougran, que le ſeul qu'on met ne monte pas juſqu'à l'épaulette, & qu'il ne ſe
fait pas de renflement ſur la poitrine ; d'ailleurs on a de moins les parements &
Comment les plis, & en étoffe étroite les manches & le dos, qu'on nomme *les défauts*,
on taille les
Défauts, & qu'on remplit par une étoffe de moindre valeur. *Voy. Chap.* 8, *au titre de*
comment on *l'Habit complet en velours*, &c. Ces défauts ſe taillent & s'achevent comme
les finit.   au Juſtaucorps.

La Culotte.   Pour faire la Culotte, commencez par parementer, (*Voy. Art. de la Redingotte, ci-devant,*) les ouvertures d'en-bas, côté des boutonnieres *u*, c'eſt-à-dire, du
côté des genoux, ainſi que le haut des poches en travers 1, *Pl.* 5, *Fig. d*, dont
l'ouverture doit couler tout le long de la ceinture ; faites tout de ſuite les boutonnieres *x*, au nombre de cinq.

Aſſemblez & couſez les deux devants aux deux derrieres, tant en dedans,
c'eſt-à-dire, entre les cuiſſes, qu'en dehors aux côtés : la couture des côtés
commencera au deſſus de l'ouverture du bas des cuiſſes, & ceſſera pour celle de
la poche en long *y*, qui doit avoir ſept pouces. La couture ſe fait, ſi c'eſt du
drap, à point lacé ; mais aux étoffes de ſoie, vous ferez d'abord à l'envers un
arriere-point, que vous rabattrez en dehors à point perdu. Faites de même la
couture de l'entre-jambe, qui joint les deux derrieres, elle doit auſſi laiſſer en
haut par derriere une ouverture de trois pouces, à laquelle les deux bouts
de la ceinture doivent ſe terminer, & une autre par devant, dont on parlera
ci-deſſous,

ci-deſſous, attendu qu'on ne la réſerve pas toujours.

Ajoutez un droit fil à chaque portion de la ceinture, par-deſſus lequel vous en remploierez le bord ſupérieur; couſez la ceinture à la culotte à point lacé & à rabattre par-deſſus, & à meſure que vous en coudrez chaque moitié, vous ferez faire quelques plis au haut de la culotte, qui ſeront rabattus ſur la ceinture; ſi elle eſt de drap, vous preſſerez les coutures au carreau; mais aux étoffes de ſoie, vous rabattrez la couture ſur la ceinture à point devant, & vous n'y paſſerez pas le carreau.

L'ouverture du devant d'une culotte a deux manieres de ſe fermer, l'une par une petite patte qu'on ajoute à gauche de l'ouverture, on lui fait deux bouton-nieres, & elle ſe ferme par deux boutons; l'autre maniere qui ſe nomme *un pont* ou *une bavaroiſe*, tient lieu de fermeture ſans y ajouter de patte. La voici. A patte,

En taillant la culotte, vous donnerez à chaque devant un coup de ciſeau ſur le devant de la cuiſſe du haut en bas, pour fendre cet endroit d'environ quatre pouces de long, & éloigné de trois pouces du milieu de la culotte, autrement de l'entre-jambe; montez votre culotte à l'ordinaire; mais en faiſant la couture qui aſſemble les deux derrieres paſſant entre les cuiſſes, ne ménagez point d'ou-verture par-devant, & couſez juſqu'en haut, ce qui vous donnera une piece de ſix pouces de large terminée par les deux coups de ciſeau ſuſdits, ayant la coutu-re dont on vient de parler, à ſon milieu: cette piece tient toujours à la culotte par le bas des inciſions, & c'eſt elle qui ſe nomme *le pont*: l'eſpace qu'elle abandonne forme un vuide qu'il faudra remplir par deux morceaux de votre étoffe, qui laiſſeront entre-eux une ouverture comme à la culotte ordinaire, à laquelle cependant vous n'ajouterez point de patte; vous couſerez ces deux morceaux à arriere-point, au côté de chaque devant que la piece du pont vient de quitter; couſez à l'envers à chaque côté de cette piece du pont, depuis l'en-droit où elle tient à la culotte juſqu'au haut, une petite patte pour fortifier ces côtés, & une petite ceinture en haut qui aille d'une patte à l'autre: on la nomme *la troiſieme ceinture*; cette troiſieme ceinture doit avoir une boutonniere en biais à chaque bout, & un bouton attaché à la vraie ceinture de part & d'autre pour fermer le pont. A pont.

Attachez la vraie ceinture, à la culotte comme ci-deſſus, &c.

Les poches d'une culotte ſont au nombre de quatre, & deux autres petites, qu'on nomme *gouſſets*. On peut faire ces poches & gouſſets de telle étoffe qu'on voudra; mais elles ſe font plus communément de peau blanche de mou-ton; alors c'eſt les Peauſſiers qui les vendent aux Tailleurs, en morceaux tous taillés ſans être couſus & formés en poches.

Les poches s'attachent avant les boutons & la doublure.

On double les culottes de peau de mouton chamoiſée, de futaine, de toile, &c. On taille la doublure piece à piece, & on la traite comme toutes les autres doublures ci-deffus , c'eft-à-dire , qu'on fuit le même procédé qu'à celle de l'habit.

Attachez lés jarretieres & boucles au bas de la culotte en *Z*, attachez auffi un bout de jarretiere d'une part & une boucle de l'autre, par derriere, aux deux moitiés de ceinture , pour ferrer plus ou moins la culotte.

La culotte ordinaire a feize boutonnieres & autant de boutons ; favoir , deux boutons de juftaucorps & deux boutonnieres à la ceinture par-devant , dix petits boutons de vefte , cinq à chaque bas de culotte , deux à la patte de devant, deux aux poches en travers , un à chacune ; la culotte à pont a deux boutons & boutonnieres de plus , les boutonnieres font à la troifieme ceinture & les boutons à la vraie ceinture.

Quand les culottes font taillées , on les donne communément à coudre & à achever à des femmes, que pour cette raifon on appelle *Ouvrieres en culotte* ou *Culottieres.*

Il faut quatre douzaines de boutons de vefte , pour vefte & culotte : ces boutons font ordinairement de moitié plus petits que ceux du juftaucorps.

CHAPITRE X.

Des ornements & modes de l'Habit complet François.

ON eft auffi bien couvert & préfervé de l'air avec un habit fimple & uni , qu'avec celui qui fera chamarré d'or & d'argent ; cependant plus ou moins d'ornement n'y font pas inutiles lorfqu'ils fervent à diftinguer les états & conditions. Le galon d'or & d'argent eft celui qu'on employe le plus communément ; on le diftribue de diverfes manieres ; les plus ordinaires font un fimple bordé , ou bien un bordé , & un galon , ce qu'on appelle *à la Bourgogne.*

Pour galonner un juftaucorps , taille ordinaire , d'un fimple bord plus ou moins large , mettant deux galons aux parements , il entre neuf aunes de galon ; pour la vefte , cinq aunes : on ne met pas de galon à la culotte.

Pour galonner un juftaucorps à la Bourgogne , c'eft-à-dire , avec bordé & galon , il faut fix aunes & demie de bordé & onze aunes de grand galon ; pour la vefte , trois aunes & demie de bordé & quatre aunes de grand galon ; & fi on vouloit du galon fur toutes les coutures ou tailles du juftaucorps , il faudra quatre aunes & demie de grand galon de plus. On met alors trois galons aux plis , favoir un le long du dos du dernier pli du devant, un au dernier pli du derriere ; c'eft ce qui s'appelle *les quilles* ; le troifieme eft toujours un morceau du bordé qui fe met au milieu le long du demi-pli , auquel on donne la forme d'une patte chantournée en long.

On ne parlera point ici de l'aunage des galons de livrée ; il n'y a aucune régle à cet égard, il fe trouve des livrées toutes chargées de galon, d'autres qui n'ont qu'un fimple bordé, &c.

Les autres ornements inférieurs à ces premiers, font les boutons d'argent, d'or, feuls ou avec les boutonnieres de même, du galon en boutonnieres, brandebourgs, boutonnieres de treffe avec ou fans franges, boutons en olive, ganfes, &c.

Les beaux habits font les habits brodés, d'étoffe de foie, à fleurs d'or, d'argent, d'étoffe d'or, &c.

Il y a déja long-temps qu'on n'a rien changé à l'effentiel de l'habit complet François; les modes s'exercent feulement fur les acceffoires, comme fur les boutons, les parements, les pattes, la taille, les plis, &c. Les boutons gros, petits, plats, élevés; les parements ouverts, fermés, en bottes, en amadis, hauts, bas, amples, étroits; les pattes en long, en travers, en biais, droites, contournées; la taille haute, baffe; les bafques longues, courtes, plus ou moins de plis, &c. &c. La mode d'attacher des jarretieres à la culotte pour la ferrer fous le genou, n'eft pas ancienne, précédemment on rouloit les bas avec la culotte fur le genou.

CHAPITRE XI.

Quelques détails dans la monture des Vêtemens, décrits au Chapitre huitieme.

Ce dernier Chapitre eft deftiné à donner quelques particularités qui fe rencontrent dans la monture des vêtements, dont on a donné la coupe ci-devant au Chapitre huitieme, à la fuite de celle de l'habit complet, attendu qu'il s'y rencontre diverfes pratiques qui peuvent devenir utiles pour l'éclairciffement de cet Art, dans les cas où l'on en auroit befoin.

On n'a rien de particulier à obferver à l'égard du Surtout, du Volant, de la Soutanelle, de la Fraque & du Vefton; ce font des efpeces de Juftaucorps.

La Redingotte a un collet comme le Surtout; on pliffe tout le derriere au bas de ce collet, en commençant les plis à un pouce du haut de l'épaulette de chaque côté; & pour cacher ces plis, on coud par-deffus une rotonne, efpece de collet large qui tombe fur le dos.

Les manches fe font toujours en botte, chacune garnie de trois boutons & boutonnieres; on les double de toile. Les devants, jufqu'à la ceinture, fe doublent avec une bande de la même étoffe ou autre plus ou moins large.

On ouvre des pattes en long aux côtés, prifes dans les devants, avec trois boutons; on y ajoute quelquefois des poches.

L'ouverture de derriere ne doit monter qu'à la moitié de celle du juftaucorps.

Le Manteau fe monte en coufant les deux moitiés d'un côté feulement;

cette couture fera celle du dos; on la cesse pour laisser par derriere une ouverture pareille à celle du précédent.

On plisse le tour du col, & par-dessus on met comme à la **Redingotte** le collet ou rotonne: on ne met point de doublure au manteau; mais on ajoute en dedans, tout le long du devant, une bande de la même étoffe.

On n'y met point de boutons, mais seulemen t une grosse agraffe pour le fermer en haut.

La Roquelaure. Elle se monte comme le manteau; mais on y met quelques boutons en haut.

Le Manteau court d'Abbé. On le coud à l'envers à son collet sans le plisser, jusqu'à ce qu'on soit arrivé à l'échancrure dudit collet; alors on le plisse autour de cette échancrure; on borde les deux côtés par-dehors avec un large ruban de soie noire qu'on retourne d'équerre par le bas, jusqu'à la plissure sans aller plus loin.

On ne double point ce manteau.

Pour le faire tenir dans sa place, on coud tout le long de l'échancrure du collet en dessous, une jarretiere qu'on boucle par-devant; ou bien on coupe deux jarretieres pour se servir de la boutonniere de chacune; on en coud les bouts coupés à l'échancrure de part & d'autre; on place un bouton sur le haut de chaque épaulette de l'habit auquel on boutonne les demi-jarretieres.

Ce manteau & le suivant ne couvrent que le dos.

Le Manteau long d'Ecclésiastique se monte en tout comme le manteau court.

La Soutanne se monte comme le justaucorps; excepté qu'aux endroits où on met du bougran au justaucorps, on ne se sert que de treillis noir d'Allemagne, ou de toile noire.

On laisse en cousant les derrieres aux devants une ouverture de chaque côté, vers les hanches, de six pouces de long, au-dessus de laquelle on attache une ganse dont le bout supérieur s'arrête sous le bras vers l'aisselle; cette ganse est destinée à soutenir un ruban de soie noire, large de quatre doigts, qui sert de ceinture, & dont les deux bouts tombent de côté jusqu'au bas de la Soutanne.

On la boutonne du haut en bas avec six douzaines de très-petits boutons.

La Robe de Palais se monte en commençant par joindre les devants aux derrieres, & afin qu'à l'épaulette le derriere se trouve égal au devant, on le plisse jusqu'à ce qu'il soit devenu de même largeur; on attache ensuite une laniere de l'étoffe à l'envers du devant; on retourne cette bande sous les plis cousus auxquels on la coud, & on la rabat; on poursuit ensuite la jonction jusqu'en bas, laissant en chemin une ouverture vers la hanche pour passer la main; on rabat cette couture.

La manche se traite à part; elle est formée par trois largeurs de lez cousus ensemble; on plisse les deux qui font le dehors; le troisieme qui est le dessous, ne se plisse pas. Pour faire cette espece de plissure dont les plis doivent être

égaux,

égaux, proprement arrangés côte à côte, & profonds de deux lignes, on commence par coudre à l'envers, tout le long de ce qui fera pliſſé, une bande de
gros drap noir ou des lanieres de l'étoffe même ; puis prenant trois fortes aiguilles, chacune enfilée d'un gros fil noir, on les enfoncera à diſtance égale l'une
de l'autre au travers des plis à meſure qu'on les forme, faiſant de tems en tems un
nœud à chaque aiguillée ; on pourſuit de cette maniere juſqu'au dernier pli, le
accolant toujours l'un contre l'autre, ce qui fait une eſpece d'ornement à l'épaule ; on coud enſuite par l'envers cette manche à l'emmenchure ; puis on la rabat,
on attache le bord de col.

Au bas de la robe, on fait un rempli en dedans, que l'on bâtit à point tiré ;
puis on rabat cette bordure par-deſſus ; on ôte le bâtis.

On coud dans la quarrure du derriere deux liſieres en travers, à quatre pouces
l'une de l'autre ; chaque bout de celle d'en-haut s'attache ſur la couture des manches près de celle des épaulettes ; & celle de deſſous où les plis des manches
finiſſent.

Il faut à la robe de Palais ſix douzaines de boutons très-petits comme à la Soutanne ci-deſſus.

La Robe de chambre, celle qui eſt *à manches rapportées*, ſe traite & ſe monte comme la ſoutanne ; on lui met un colet avec un bouton & une boutonniere ;
& lorſqu'on met des boutons par-devant, ils ne vont que juſqu'à la ceinture ;
on ajoute aux manches un petit parement.

Celle qui eſt *en chemiſe* ſe monte comme la précédente : quant aux manches,
on y ajoute ce qu'il faut d'étoffe pour terminer leurs longueurs ; on la coud à
point arriere ; on place les gouſſets.

LES CULOTTES DE PEAU

On a dit dans l'Avant-Propos les raisons qui ont déterminé à ajouter ici la façon des Culottes de peau; on y renvoye le Lecteur.

Le Tailleur des culottes de peau (qui est du corps des Boursiers), s'y prend à peu-près de la même maniere pour la taille, que celui d'habits d'homme. Les différences se trouvent 1°. sur la matiere qu'il employe; car il ne travaille que sur des peaux chamoisées de bouc, de chamois, de daim, d'ânon, de mouton, de cerf, d'élan, de renne, &c; 2°. à l'égard des coutures, dont il fait plusieurs à la façon du Cordonnier, avec la soie de sanglier, l'alêne & le tirepied : tous ses instruments, outre ceux qu'on vient de nommer, consistent en fil, aiguilles, dé à coudre, une buisse *A*, un petit maillet, & un lissoir *B*, *Pl.* 12.

Il prend la mesure comme le Tailleur ci-dessus.

Quand la peau est assez grande, il fait la culotte d'une seule peau, & de deux quand elles sont trop petites : on a pris ici pour exemple une peau entiere; les meilleures sont de daim.

Prenez une peau entiere; pliez-la du sens de sa longeur, non par la moitié, mais au tiers de sa largeur, la fleur en dehors; pliez-la encore en deux de l'autre sens, c'est-à-dire, sur sa largeur, pour vous en indiquer le milieu; dépliez ce second pli sur la ligne duquel vous fendrez le dessus jusqu'au premier pli en-long, ce qui vous donnera une coupure d'environ six pouces; prenez les deux bouts de toute la peau, & les amenez de votre côté, jusqu'à ce que le commencement de la fente susdite se soit ouvert de trois pouces, ce qui formera un vuide à angle aigu.

Taillez suivant votre mesure une des cuisses par dehors *I*, c'est-à-dire, du côté où la peau est séparée en deux, observant de laisser au bas de ladite cuisse une avance ou fausse patte *II*, longue de six pouces, pour l'usage qui sera expliqué ci-après; on ne coupe rien au côté rendoublé *III* qui fait le dedans des cuisses : vous plierez ensuite une seconde fois par le milieu, rapportant la cuisse taillée sur l'autre, afin de les couper égales; remettez votre peau toute étendue; ensuite pour fixer la hauteur du fond de la culotte, vous prendrez votre mesure en papier, sur laquelle ayant trouvé celle qui marque la ceinture, vous plierez le papier en deux depuis cette marque, & vous le porterez ainsi plié, d'une part, à la pointe de la fente du milieu, & de l'autre, sur la peau qui doit faire votre fond de culotte, où vous ferez une marque, par laquelle vous passerez en taillant & arrondissant ledit fond.

Figure C.   Cela fait, mettez-vous à couper toutes les pieces dans ce qui vous reste de peau, savoir, la ceinture de la culotte en deux morceaux *bb*; les deux pattes des poches en travers de devant *dd*; les deux petites pattes *ee* desdites poches; les deux pattes des poches en long des côtés *ff*, & le soufflet *a*, comme auffi la patte de la fente du devant.

Les pieces qu'on vient de nommer font celles qui entrent dans une culotte fimplement ouverte du devant, qui fe fermera avec une patte à deux ou trois boutonnieres, comme la plûpart des culottes ordinaires ; mais comme le grand mérite de celle-ci eft de fervir principalement aux perfonnes qui montent à cheval, à quoi elles font très-commodes, il s'en fait beaucoup à pont ou à la Bavaroife, ce qui en augmente encore la commodité & même l'utilité.

Cette efpece de culotte exige quelques pieces de plus que la précédente : il s'agit de celles qui doivent faire le pont *mm* ; il fe taille à la peau même de la culotte en devant, & y refte attaché. Pour cet effet, faites avec les cizeaux deux coupures defcendantes, en fendant la peau par-devant, depuis le haut de chaque cuiffe jufqu'à trois pouces de long, chaque fente éloignée du milieu de trois pouces ou environ, ce qui fera un morceau pendant en dehors de fix à fept pouces de large, qui découvre un vuide qu'il faudra remplir par la fuite. Les autres pieces qui doivent accompagner ce morceau font, une ceinture *p*, deux pattes *nn* au bout des fentes. Le triangle *l*, qu'on nomme *le cœur du pont*, qui remplit au-deffous du pont la premiere fente de la culotte qu'on a faite en la taillant ; les deux pieces *hh* qui rempliffent le vuide que le pont a laiffé, qui fe nomment *les pieces du pont* : ainfi pour une culotte de peau à pont, il faut tailler feize pieces.

Toutes ces pieces étant coupées, il s'agit d'*apiécer*, c'eft-à-dire, de coller avec de l'empois blanc des droit-fils, (*Voyez le Tailleur Chap.* IX.), fous le lieu des boutons & boutonnieres des cuiffes, & fous les ceintures de la culotte & du pont ; comme auffi de coller de la même façon des morceaux de peau aux endroits foibles & minces, pour les raffermir, le tout en dedans : ces peaux feront coufues par la fuite.

Faites les boutonnieres ; enfuite vous pouvez enjoliver fi vous voulez, c'eft-à-dire, fi on vous le demande. *Enjoliver* n'eft qu'un ornement de mode, qu'on ajoutoit ci-devant à ces culottes, plus qu'on ne fait à préfent : voici ce que c'eft ; on marque principalement fur les côtés extérieurs des cuiffes, vers le bas, quelques deffeins de fleurs ou autres ornements, dont enfuite on remplit les traces par des rangées de points plats en fil blanc, coufues à fleur de peau.

Il ne vous refte plus qu'à monter, c'eft-à-dire, à affembler toutes les pieces avec des coutures tant fimples que piquées : les coutures fimples font le point plat & l'arriere-point qui fe font à l'aiguille avec le fil de Bretagne ; les coutures piquées font doubles, & s'exécutent à la façon du Cordonnier, avec l'alêne & foie de fanglier attachés aux deux bouts de chaque aiguillée, qui eft de fil de Cologne, ciré avec cire blanche ; elles fe travaillent fur la buiffe *A*, arrêtée fur la cuiffe gauche de l'ouvrier avec le tire-pied : la différence entre cette façon de coudre & celle du Cordonnier, eft qu'à celle-ci, après que le trou de l'alêne, eſt fait, on paſſe la ſoie droite la premiere, la gauche enſuite en-delà, & on tire droit ſans obſerver aucun détour.

Voyez pour un plus grand éclairciſſement l'Art du Cordonnier, où ces coutures ſont décrites & très-détaillées : vous y connoîtrez aiſément les différences de celles-ci aux ſiennes.

La Buiſſe A, eſt un morceau de bois d'un pied de long, d'un pouce de haut par un bout, & de deux pouces par l'autre, arrondi d'un bout à l'autre ſur la face ſupérieure. L'Ouvrier la place le long de ſa cuiſſe gauche, le bout le plus bas de ſon côté, & l'arrête en place avec ſon tire-pied, ainſi que la peau qu'il veut coudre deſſus.

Quand il a fait quelques coutures ſimples, la buiſſe lui ſert à les applatir deſſus à coups de ſon petit maillet.

Les coutures piquées forment un petit rebord relevé des deux peaux qu'elles joignent enſemble ; pour unir ce rebord & le rendre bien égal par-tout, faites couler à plomb par-deſſus le liſſoir *B*, petit inſtrument de bois dur de quatre à cinq pouces de long, dans l'épaiſſeur d'un bout duquel eſt une petite fente ou rainure qui ſerre & égaliſe le haut du rebord.

Il y a des endroits dans la culotte où la couture piquée ne ſe fait qu'à fleur de peau ; entourez de coutures à point plat, en effleurant le cuir, tous les morceaux que vous avez ci-devant collés en dedans de la culotte ; joignez les côtés de cuiſſe par dehors, avec une couture piquée, prenant avec la couture le bas de la patte des poches en long ; doublez avec de la peau toutes les ceintures & pattes ; montez la ceinture de la culotte avec une couture piquée en dehors, pliſſant en même tems le haut du derriere de la culotte, & prenant dans la même couture le bas de la patte des poches en travers ; même couture piquée pour la ceinture du pont : ces deux pattes & le cœur du pont *l*. Les deux piéces du pont *nn*, ſont les ſeules dont la couture piquée, qui les joint à la culotte par leurs côtés, ſe fait en dedans.

Les coutures piquées à fleur de peau, ſont celles qui bordent le contour des pattes ; c'eſt une eſpece d'ornement.

Les pieces du pont *hh*, s'arrêtent en bas, au pont même en dedans, par une couture ſimple à fleur de peau : mêmes coutures pour les doublures & les droit-fils.

La fauſſe patte *II*, que vous avez réſervée au bas des cuiſſes en taillant la culotte, ſera garnie de cinq boutons ; vous en arrêterez le haut en dedans avec une ſimple couture, & vous borderez de peau le côté des boutonnieres.

Les boutons de ces culottes ſont de bois recouverts de peau. Attachez tous les boutons, poches & gouſſets, ſavoir, deux gros boutons au-devant de la ceinture ; deux autres moindres plus reculés, l'un à droite, l'autre à gauche, pour boutonner le pont ; cinq à chaque bas de cuiſſe ; deux aux poches en long, deux aux poches en quarré, & deux gouſſets, le tout de peau ; faites

quatre

quatre œillets à la ceinture par derriere, pour y paſſer une bande de peau, afin de ſerrer plus ou moins la culotte.

Aux peaux foibles, on ne pique que les côtés dés cüiſſes; & ſi la culotte eſt faite de deux peaux, on ne pique pareillement que la couture du fond qui joint les deux derrieres enſemble; toutes les autres ſe font ſimples par dedans à point arriere.

Le Chamoiſeur fournit les peaux en jaune de chamois; lorſqu'on veut qu'elles ayent d'autres couleurs, c'eſt au Peauſſier à qui il faut s'adreſſer. La couleur actuellement la plus uſitée, principalement pour les culottes bourgeoiſes, c'eſt-à-dire pour imiter les culottes de drap, eſt le noir; cette couleur ſe fait avec *une diſſolution de bois d'Inde, & par-deſſus de l'eau de rouille de fer.* Comme ces culottes, quand elles ſont neuves, copient parfaitement le drap, on ne leur fait aucune couture piquée, de peur qu'elles ne paroiſſent être de peau.

En général, la culotte de peau eſt d'un excellent uſer, & quand la peau eſt bien choiſie & bien conditionnée, on n'en voit, pour ainſi dire, pas la fin; mais aucune n'eſt exempte, lorſqu'elle a été portée quelque tems, de s'engraiſſer & devenir glacée & luiſante, ce qui lui donne un œil mal-propre, qui n'eſt pas ſupportable; il s'agiroit de trouver le moyen de remédier à cet inconvénient; ce feroit un ſervice à rendre au Public, & peut-être à ſoi-même.

LE TAILLEUR DE CORPS DE FEMMES ET ENFANTS.

ON nomme *Corps*, un vêtement qui se pose immédiatement par-dessus la chemise, & qui embrasse seulement le tronc, depuis les épaules jusqu'aux hanches; c'est, pour ainsi dire, une cuirasse civile; car il ne doit pas plier, mais cependant avoir assez de liant pour se prêter aux mouvements du corps qu'il renferme, sans altérer sa forme, & en même tems le soutenir & l'empêcher de contracter de mauvaises situations, principalement dans l'enfance, âge foible & délicat, dans lequel les ressorts ne sont pas encore parvenus au dégré de force qu'ils auront par la suite : il s'applique encore à un objet aussi intéressant, celui de conserver la beauté de la taille des femmes, agrément qu'il joint à tous ceux qu'elles ont en partage.

Le Maître Tailleur, qui a choisi cette branche de son Art, se nomme *Tailleur de Corps de robe* & *Corsets*; & quoique sa science soit moins étendue pour le travail, que celle du Tailleur pour homme, il a cependant plus d'instruments, & une manutention plus détaillée & plus savante, attendu que cet Art exige beaucoup de précaution, d'adresse & de précision.

MATÉRIAUX.

Baleine : ce qui se nomme ainsi, prenant le tout pour la partie, provient du plus énorme de tous les poissons connus, appellé *la grande Baleine*; ce poisson se tient dans les mers du Nord, où on va le pêcher : les parties dont on se sert ici sont des lames dures, & cependant flexibles, attachées par des pellicules, l'une à côté de l'autre, le long des côtés de la machoire supérieure, qui pendent vers l'inférieure lorsque la baleine ouvre sa bouche, & qui se replient comme un éventail dans un canal creusé vers les bords de la machoire inférieure lorsqu'elle la ferme.

Bougran ou *Treillis* : toile de chanvre gommée & calendrée. On prend communément, pour faire le bougran, de vieille toile de draps ou voiles; quelquefois on en emploie de neuve; c'est pourquoi il n'a aucune largeur déterminée, & il est plus gros ou plus fin suivant les toiles dont on s'est servi.

Canevas, est une toile forte, écrue de trois quarts de large.

Toile jaune de Cholet en Anjou : elle est de lin & de deux tiers de large.

Toile de Lyon blanche : elle se fabrique à Laval dans le Maine; elle a trois quartsde large.

Lacet de tresse de Soie.

Lacet à la Duchesse : espece de galon fil & soie d'un demi-pouce de large.

Instruments.

Ciſeaux de Tailleur.	Couteau à baleine *g*.	Pouſſoir *f*.
Dé à coudre.	Poinçon *h*.	Marquoir *e*.
Aiguilles.	Regle de bois.	Carreau de Tailleur.

Planche 6.

Le couteau à baleine eſt deſtiné à fendre la baleine, & à la réduire à la longueur & épaiſſeur néceſſaire.

Le poinçon perce les trous pour les œillets.

La regle de bois ſert à conduire le marquoir pour tirer les lignes droites qui indiquent les coutures.

Le pouſſoir ſert à faire entrer la baleine entre deux coutures.

Nota. Que le pouſſoir & le marquoir ſont ſouvent pris dans le même corps d'outil; il ne s'agit que de fendre le haut du marquoir en deux pointes pour en faire un pouſſoir.

Des différents Ouvrages du Tailleur de Corps.

Indépendamment de toutes les eſpeces de corps & corſets, dont on va faire l'énumération, le Tailleur de corps fait auſſi pluſieurs vêtements qui y ont rapport; il conſtruit donc tous corps couverts, pleins & à demi-baleine, corps & corſets de toile ou de bazin ſans baleine, des camiſoles de nuit, des bas de robe de cour, de fauſſes robes pour les filles, des jaquettes pour les garçons, enfin tous les habillements d'enfants de fantaiſie, comme habit de Huſſard, de Matelot, &c.

Du Corps en général.

Il paroît par les anciens vitraux & autres figures, que l'on n'a commencé à porter des corps en France, que vers le quatorzieme ſiécle, ce qui pourroit bien être l'époque de leur invention.

On faiſoit ci-devant les corps de dix piéces, en comptant les épaulettes pour deux piéces; mais maintenant toute eſpece de corps ne ſe compoſe que de ſix pieces, en comptant de même les épaulettes; ces ſix picces ſont deux devants *AA*, N°. 4, deux derrieres *BB*, & les deux épaulettes *CC*, & *h*, N°. 1, où Planche 12. on voit leurs coupes de *h* en *e*.

Il faut pour un corps, taille ordinaire, une aune de canevas, trois quarts de toile jaune, demi-aune de bougran, autant de doublure qui eſt toile de Lyon ou futaine, demi-livre de baleine, une aune & demie de petit lacet, & neuf à dix aunes de lacet à la Ducheſſe, quand le corps eſt ouvert. Un corps eſt donc compoſé de canevas ou de toile jaune, qui font le deſſus, du bougran deſſous, de la baleine entre deux, & enfin de la toile de Lyon ou futaine: on recouvre le deſſus de telle étoffe qu'on veut; il s'en fait auxquels la toile jaune, dont on ſe ſert alors, ne ſe recouvre point.

Il se fait de deux especes de corps, le corps fermé & le corps ouvert : le corps fermé est celui dont les deux devants tiennent ensemble ; aux corps ouverts, ils sont séparés : aux corps fermés, on ne met qu'un busc en dedans ; on met aux corps ouverts, deux buscs, un à chaque devant.

Le corps couvert, c'est-à-dire, celui qu'on recouvre de quelque étoffe, peut être fermé ou ouvert, plein ou à demi-baleine ; il en est de même du corps piqué, qui est celui qu'on ne recouvre d'aucune étoffe, & dont la toile jaune fait le dessus ; alors toutes les piquures ou coutures qui enferment les baleines, sont apparentes, au lieu qu'elles sont cachées au corps couvert.

Les basques d'un corps sont de grandes entailles que l'on fait aux bas des derrieres, pour la liberté des hanches.

N°. 2, *e e e*, les différentes directions des baleines qui s'observent dans un corps.

Le N°. 3 , est un corps à demi-baleine, autrement, *corset baleiné.*

Le N°. 4, est un corps vu en entier par l'envers.

La description qu'on va donner d'un corps couvert & ensuite d'un corps piqué, convient à tous les autres, de quelque espece qu'ils soient, quoique de formes différentes.

Le Travail.

Prendre la Mesure.

La mesure se prend avec une bande de papier à laquelle on fait des hoches, comme il est dit du Tailleur d'habits ci-devant : on a marqué ici chaque mesure par des lignes doubles, *Pl.* 12 , N°. 1.

a a, Mesure depuis le milieu du dos jusqu'au coin de l'emmanchure.

b, La quarrure du devant, depuis le haut du corps par-devant jusques contre le bras.

cc, La largeur depuis le milieu du haut du devant, jusqu'au milieu du haut du dos.

dd, La largeur du bas de la taille.

ee, La longueur de la taille, depuis le haut du dos jusques sur la hanche.

ff, La longueur du devant.

Le Corps couvert.

Le Tailleur doit avoir nombre de modeles ou patrons de papier, pris sur différentes grosseurs & grandeurs, pour le guider dans son travail.

Choisissez dans vos patrons celui qui approche le plus de votre mesure ; prenez suffisamment de bougran pour les pieces que vous allez construire ; mouillez-le légérement en secouant dessus vos doigts, que vous aurez trempés dans l'eau ; pliez-le en double ; passez-y le carreau chaud, dont l'effet sera d'unir & de coller les doubles ensemble ; posez votre patron dessus ; passez encore légé-

rement

rement le carreau, & le papier fe colera de même fur le bougran ; portez votre
mefure fur le tout, comme fi vous la preniez une feconde fois ; & tracez en la
fuivant par-tout avec de la craie.

Vous taillerez enfuite le corps, obfervant de le couper de deux doigts plus
étroit par en bas que la mefure, parce que vous mettrez par la fuite un gouffet
c, N°. 2, ou élargiffure aux hanches, afin de leur donner du jeu, & empêcher
que le corps ne bleffe en cet endroit : cette élargiffure regagnera ce que
vous avez retranché fur la mefure, & elle eft d'autant plus néceffaire, que
les hanches des femmes font prefque toujours plus groffes que celles des
hommes.

Toutes les pieces de votre corps préparées, comme il vient d'être dit, déco-
lez-les, ce qui fe fait facilement, & fauxfilez chacune fur fon canevas ; après
quoi vous prendrez votre regle & le marquoir pour tracer à toutes les pieces fur
le bougran, des lignes en long, diftantes l'une de l'autre, pour un corps plein
de baleines, d'environ un quart de pouce, fuivant les différentes directions que
vous voyez, *aa*, N°. 3, & *ee* N°. 2.

Il s'agit maintenant de piquer toutes ces pieces, c'eft-à-dire, de faire une
couture, traverfant affez dru le long de chaque trace ; c'eft ordinairement l'ouvrage des femmes, qui les coufent à arriere-point : par cette maniere tous les
intervalles, entre chaque deux coutures, deviennent les gaînes des baleines,
dont on garnira le corps.

Ces baleines doivent être travaillées, ajuftées & prêtes à embaleiner le corps :
pour cet effet, prenez le couteau à baleines, avec lequel vous les taillerez en
long & en large, & les amincirez plus ou moins, felon qu'il conviendra pour
les places que vous leur deftinez, obfervant qu'elles foient bien égales de
force dans les pieces correfpondantes, foit du devant ou du derriere, de
peur que le corps ne fe laiffe aller de travers ; que vos baleines foient beaucoup plus fortes & épaiffes fur les reins que fur les côtés, comme auffi
plus fortes au milieu du devant, en aminciffant dans le haut devant & derriere.

Toutes vos baleines préparées, vous embaleinerez votre corps, faifant entrer
chacune entre deux rangs de piquage, la pouffant d'abord avec votre main tant
qu'il vous fera poffible, & enfuite vous fervant du pouffoir, pour achever de
l'enfoncer jufqu'au bout ; vous commencerez par les fortes & épaiffes, enfuite
les minces & foibles, infenfiblement vous parviendrez à remplir chaque
piece.

Lorfque toutes les pieces du corps feront embaleinées, vous remployerez à
chacune le canevas fur le bougran, & vous l'y couferez bien ferme, gliffant
pour cet effet, votre aiguille entre le bougran & les baleines ; après quoi vous
couferez les deux devants enfemble ; vous les retournerez tout de fuite à l'envers N°. 4, pour placer & coudre en haut une baleine en travers, plus forte au

bout qu'au milieu, *a* N°. 5, & N°. 4 *a a*, depuis le devant d'un bras jusqu'au devant de l'autre.

Posez la bande d'œillets à chaque derriere *B* N°. 2, (cette bande d'œillets est une baleine plus forte que les autres) obfervant de laiffer entre cette baleine & les autres, un efpace fuffifant pour y percer les œillets *g* avec le poinçon.

Affemblez le corps en joignant les derrieres *B* aux devants *A* N°. 2; attachez les épaulettes *a*, & les gouffets *c*; percez les œillets *g*.

Repaffez par l'envers, avec le carreau chaud, tout le corps, tant pour le rendre uni, que pour parvenir, les baleines étant chaudes, à lui donner la forme & la rondeur qu'il doit avoir.

Effaier le Corps.

Le Corps étant dans l'état où on vient de le laiffer, le Tailleur doit l'effayer fur la perfonne pour laquelle il le conftruit; car de cet effai dépend la réuffite de l'ouvrage: en conféquence il le met en place; alors il doit examiner avec une attention fcrupuleufe toutes les parties de fon corps, & voir l'effet qu'elles font, pour fe mettre en état de remédier aux défauts dont il s'appercevra; il doit de plus interroger, & demander fi on ne fe fent pas gênée, faire bien expliquer en quel endroit, marquer avec de la craie où il y a quelque chofe à faire, marquer auffi le lieu des palerons ou épaules, fe trouvant des perfonnes qui les ont placés plus haut que d'autres: il fait cette obfervation de la hauteur des épaules, pour pouvoir après l'effai y remédier, c'eft-à-dire, renforcer cet endroit s'il le juge néceffaire; il doit encore obferver, fur-tout, fi fon corps eft affez large, & enfin s'il a toute la grace qu'il peut avoir.

Ajufter le Corps.

Lorfque le corps eft effayé, marquez les épaulettes, avant de les détacher du devant, pour pouvoir, lorfqu'il fera fini, les rattacher aux mêmes places.

Défaffemblez le corps par les côtés, pour vous mettre tout de fuite à corriger les défauts que vous avez remarqués.

Comme les gouffets *c* N°. 2, n'avoient point de baleines lors de l'effai, vous y en mettrez; fi le deffous des bras *b* eft trop haut, vous le rognerez; vous en ferez autant, s'il le faut, par-devant ou par-derriere. Cette opération eft ce que les Tailleurs appellent *donner le coup de cizeau.* Coupez un peu de la longueur des baleines par en haut, pour pouvoir les arrêter, afin qu'elles ne percent pas; vous mettrez auffi des bouts de baleines dans toutes les bafques, *f* & N°. 3 *b.*

Planche 12.

Dreſſer le Corps.

Dreſſez le corps N°. 4 par l'envers, c'eſt-à-dire, couſez à demeure, à point croiſé (ce point èſt expliqué dans l'Art de la Couturiere ci-après) la baleine que vous avez attachée avant l'eſſai; mettez-en une ſeconde *a* N°. 5; au même endroit, ſi vous le jugez à propos, mettez-en encore une ou deux *bb*, qui aillent juſques ſous les bras, & au-deſſous une ou deux *c*, qui ſoient courtes, pour ſoutenir le milieu; on les voit toutes en entier N°. 4; mettez des droits-fils aux endroits qui fatiguent davantage, comme en *d*, N°. 5, afin que le corps ne ſe déforme pas; bordez le haut du devant avec une petite bande de bougran fin.

Coupez en biais une bande de toile *e e e*, N°. 5, que vous couſerez tout autour des hanches, au-deſſus des baſques marquées *h*, pour marquer ce qui s'appelle *le défaut du Corps*, & le fortifier. Cette toile doit être taillée de façon que ſon fil ne ſoit en biais que ſur le haut des hanches, à l'endroit où ſe trouve chaque gouſſet *c* N°. 2, afin de pouvoir prêter, & leur laiſſer du jeu; mais ſur le devant, elle doit être à droit-fil, pour empêcher que le corps ne ſe lâche en cette partie.

Rempliſſez de papier l'eſpace en long, où les œillets étoient percés lors de l'eſſai, pour la rendre ferme; vous percerez enſuite les œillets au travers du papier; couſez une ou deux baleines de travers *ff*, N°. 5, qui aillent de l'épaulette aux palerons; vous les placerez de maniere qu'elles puiſſent ſervir à les contenir & les applatir le plus qu'il ſera poſſible; égaliſez les creux entre toutes les baleines de travers, dont on a parlé, avec du papier, ou pour plus de ſolidité, avec du bougran, obſervant de le bien étager, afin que l'épaiſſeur ſe perde inſenſiblement; garniſſez de même un eſpace *g g g g*, N°. 5 le long de la bande d'œillets, & vous couvrirez cette garniture d'un morceau de bougran que vous couſerez bien ferme, paſſant dans toutes les lignes entre les baleines; paſſez enſuite des points de fil autour du haut des derrieres, pour en ſerrer & affermir tous les bords.

Mouillez l'envers de vos pieces, pour les repaſſer avec le carreau bien chaud, afin de bien égaliſer tout l'ouvrage, prenant garde de brûler la baleine. Cette manœuvre, ſi elle eſt bien conduite, donnera à chaque piece la forme & la tournure qu'elle doit avoir.

Aſſembler & terminer le Corps.

Taillez l'étoffe qui doit faire la couverture du corps, ſoit toile ou autre étoffe; aſſemblez & couſez à demeure toutes les pieces; achevez les œillets du derriere; couſez à l'envers au milieu du devant une bande de toile du haut en bas, pour y placer le buſc; elle ſe nomme *la poche du buſc*; & par la même couture, vous pincerez le bas du corps pour lui donner de la grace: quand vous couferez les devants aux derrieres, prenez les bouts des droit-fils des hanches dans la couture ; poféz & coufez la couverture du deffus ; coupez & mettez la doublure ; attachez les épaulettes.

Mettez deux agraffes par-devant, & autant par-derriere, qui ferviront à buf-quer les jupons, c'eft-à-dire, à les tenir plus bas par-devant & par-derriere, que fur les côtés, afin de bien marquer la taille ; mettez auffi des aiguillettes ou cor-dons fur les côtés, pour y attacher le jupon ; pofez le bufc en fa place, & le corps eft achevé.

Le Corps ouvert.

La defcription qu'on vient de donner, eft celle d'un corps fermé par-devant, foit plein, foit à demi-baleine. Le corps ouvert par le devant fe conftruit de la même maniere, excepté qu'au lieu de coudre les deux devants enfemble, on met à chacun fa bande d'œillets N₀. 3, un rang d'œillets & un bufc : les deux rangs d'œillets fervent à lacer les deux devants enfemble, avec une ganfe ou avec un lacet à la Ducheffe, *Pl.* 14, *aa* N°. 12.

Le Corps piqué.

Le corps piqué plein, N°. 2, ou à demi-baleine, N°. 3, comme tous les au-tres ci-deffus, fe travaille à peu-près comme le corps couvert. Ces deux fortes de corps fe piquent, il eft vrai, de la même façon ; mais au corps couvert les piquures ne font pas vifibles, attendu que le canevas les couvre en premier, & l'étoffe de la couverture enfuite ; au lieu qu'au corps piqué, la piquure n'eft pas recouverte, ce qui exige quelque différence dans la façon ; car à la place du ca-nevas, qui au corps couvert fert de premiere couverture, on ne taille à celui-ci que la toile jaune qui doit feule le couvrir, & on la bâtit fur le bougran, obfer-vant de mettre un fort papier blanc entre deux, pour empêcher que la baleine, qui eft noire, ne paroiffe & ne fe diftingue au travers de l'étoffe du deffus, fur laquelle après avoir marqué les lignes des coutures, on les pique à point-arriere, comme à l'ordinaire, mais cependant le plus proprement & également qu'on peut. Il faut auffi, avant d'embaleiner, ratiffer les baleines plus rondes, afin que leurs carnes ne coupent pas le deffus, & en même temps que tout l'ouvrage pa-roiffe plus propre & plus fini.

On borde avec un ruban de foie tout le haut & le bas du corps ; à l'égard du procédé, on fuit exactement pour le refte, celui qui eft détaillé ci-deffus pour le corps couvert, on l'effaye, on l'ajufte, &c.

Les différents Corps en ufage.

Après avoir expliqué ci-deffus la fabrique des Corps & Corfets, ou à demi-baleines, il ne refte plus, à cet égard, qu'à expofer toutes les efpeces qui font actuellement ufitées. La fimple infpection, jointe à l'explication des petites diffé-

rences

...... qui s'y trouvent, fuffira pour les connoître ; c'eft pourquoi on renvoye
le Lecteur à la Planche 13 ; tous les corps qui y font tracés, font vus de profil,
c'eft-à-dire, par le côté.

N°. VI, eft un corps ouvert par les côtés, pour les femmes enceintes : ce
corps n'a de différence, qu'en ce que le devant n'eft joint au derriere que par
un lacet qui paffe dans deux rangs d'œillets *a b* ; la femme peut, par ce moyen,
lâcher fon corps par les côtés lorfqu'elle s'y trouve trop ferrée : on ne coud
qu'un petit efpace *c* fous l'aiffelle, de peur que le corps ne fe dérange & ne
fe mette de travers.

N°. VII, eft un corps pour les Dames qui montent à cheval, foit pour chaf-
fer ou autrement : il differe des autres en ce que le bas du devant eft fans grandes bafques, & arrondi depuis les petites bafques jufqu'à la pointe en *A*, de
peur que le bas du corps ne les gêne, attendu qu'elles font naturellement pliées
en avant fur leur felle ; de plus, le devant eft ordinairement lacé *B* jufques vers
le tiers *C*: on le fait très-mince de baleines.

N°. VIII, eft un corps de Cour ou de grand habit, qui ne fert qu'aux Dames
de la Cour lorfqu'elles vont chez le Roi, chez la Reine, &c. On y remarquera
que l'épaulette eft couchée & dirigée en avant, parce que ce corps découvre les
épaules ; il eft toujours accompagné d'un bas de robe particulier, dont il fera
fait mention ci-deffous. Cet habillement qui eft affez ancien, s'eft toujours con-
fervé à la Cour. On voit *Pl.* 2, *Fig.* Z, une Dame vêtue avec cet habit.

N°. IX, eft un corps de fille : il eft pointu & fans grandes bafques par-devant.

N°. X, eft un corps de garçon : il eft arrondi par le bas du devant, & n'a point
de bafques de côté.

N°. XI, eft un corps de garçon à fa premiere culotte : il fe lace par-devant.
L'épaulette eft au devant, au contraire de toutes les autres ; il y a à la hanche une
petite bafque *a*, avec une boutonniere qui va rendre à un bouton, attaché à la
ceinture de la culotte pour la foutenir.

Dans la *Pl.* 3, *Fig. A*, eft repréfentée une femme vue par-devant, avec un
corps lacé d'un lacet à la Ducheffe ; & *Fig. B*, une femme vue par-derriere,
ayant fon corps lacé du lacet ordinaire.

Le Corps à l'Angloife eft fermé du bas à cinq pouces ; puis ouvert jufqu'en
haut, & lacé d'un petit lacet ou cordon infenfiblement jufqu'à un pouce d'ouverture en haut, arrêté par une mince baleine en travers, récouverte derriere
la fin du petit lacet.

Autres parties d'Habillement.

On a dit au commencement, en parlant des divers ouvrages du Tailleur de
Corps, qu'il lui étoit attribué de faire encore quelques pieces de vêtements
qu'on a nommées dans la Lifte qu'on en a donnée : on va les détailler ici, avec
les éclairciffements néceffaires à leurs conftructions ; ils font repréfentés *Pl.* 14.

TAILLEUR.   M

   Nº. 17, bas de robe de Cour.

Elle se fait en étoffe étroite ; sa longueur, taille ordinaire, est de deux aunes & demie, & sa largeur de six lez, d'une étoffe de sept sixiemes : on commence par coudre tous les lez ensemble ; on plie ensuite le tout en deux sur sa longueur, & on coupe en biais, comme on voit depuis 1 jusqu'à 3.

On ne double point le bas de robe, à moins qu'il ne soit en étoffe brochée, parce qu'alors on est obligé de cacher l'envers.

On plisse tout le haut depuis 1 jusqu'à 2 : tous ces plis rassemblés forment une portion de cercle ; sur chaque moitié, on borde tous les plis, & on y coud quatre ou cinq agraffes de distance en distance de chaque côté, ce qui fait une dixaine d'agraffes, qui doivent s'accrocher à de la gance, qu'on aura cousue au bas du corps ; on place deux boutons au second lez de chaque côté, à quelque distance l'un de l'autre, & une gance derriere chacun, à l'envers de l'étoffe ; on accompagne le bout de cette gance d'un gland, & lorsqu'on la boutonne, elle releve la portion d'étoffe qu'elle embrasse : la queue est traînante. *Voyez Planche 2, Fig. Z.*

Nº. 13, *Corset blanc* sans baleine, & à deux buscs.

Il se fait communément de bazin ou de toile ; on le double toujours : *M*, les devants ; *N*, les derrieres ; *O*, les manches.

Pour le faire, après avoir coupé un modele en papier, juste aux mesures prises sur la personne, coupez la toile ou futaine qui doit servir de doublure, appliquez votre modele dessus, & l'y bâtissez, & remployez exactement ladite doublure juste à votre modele ; bâtissez aussi les remplis, de peur qu'ils ne se défassent ; ensuite vous assemblerez toutes les pieces de votre corset, & vous irez l'essayer sur la personne, comme on fait pour les corps, afin de rectifier ensuite les défauts, s'il y en a : cela fait, coupez des bandes de toile à droit-fil, que vous bâtirez sur la doublure en travers, après quoi vous les couserez très-drus ; ces droits-fils empêchent que le corset ne se déforme : ensuite, taillez le bazin ou la toile qui doit faire le dessus ; vous la bâtirez, le plus uniment qu'il sera possible, sur la doublure ; vous en remployérez les bords exactement à l'égal de la doublure ; vous les couserez ensemble ; puis vous passerez un second point tout autour, pour affermir l'ouvrage.

Il se fait des corsets fermés par derriére ; à d'autres on y fait des œillets, & par devant on y fait des boutonnieres ou des œillets, ou bien, on y coud des rubans ; quant aux manches, ou on les coud, ou bien on y fait des œillets, tant aux manches, qu'à l'épaulette ; tous ces œillets, tant du devant que du derriere, sont marqués *aaaaa* : on passe sur les côtés une aiguillette *c*, qui sert à attacher les jupons, & en *b* une agraffe de chaque côté pour le même usage ; on met un busc à chaque devant ; pour cet effet, on coud au bord des devants du corset en dedans un ruban de fil par ces deux bords ; c'est ce qu'on nomme *la poche du busc*, au bas de laquelle on laisse une petite ouverture, par laquelle on le fait entrer.

Nº. 14. *Camifole.*

Elle fe fait des mêmes étoffes que le corfet ci-deffus, & fe double de même : *P,* les devants ; *Q,* les derrieres ; *R,* les manches.

Les Camifoles fe font comme les corfets ; toute la différence confifte en ce que ne fervant ordinairement que pour la nuit, elles doivent être plus larges & plus aifées ; on les ferme communément par-derriere, & elles fe nouent par devant avec des rubans de fil ou de foie.

Pour un *Corfet* ou une *Camifole,* taille moyenne, il faut une aune & demie de bazin étroit, ou la moitié de bazin d'Orléans, c'eft-à-dire trois quarts, les manches comprifes.

Nº. 15, *fauffe Robe pour les filles.*

Elle fe fait dans la largeur de fept lez, étoffe étroite ; on la fend par le milieu du derriere, au haut jufqu'en *a,* & par le côté pour fouiller dans les poches jufqu'en *b* ; on la pliffe comme le bas de robe de Cour, Nº. 17, & on la coud autour du bas du corps.

Nº. 16, *Jaquette* ou *Fourreau pour les garçons.*

Il faut dix lez d'étoffe étroite pour faire une jaquette ou fourreau d'enfant ; on les affemble à part, deux pour chaque devant, & trois pour chaque derriere ; chacune de ces pieces fe taille comme on voit dans les *Fig.* dudit Nº. *a* eft un devant ; *b* un derriere ; les lignes ponctuées font les lez. Il ne s'agit plus que de pliffer & monter la jaquette fur le corps exprimé *Pl.* 12 Nº. 10 ; pour cet effet, coufez le premier pli du devant, qui doit occuper en haut toute la largeur du haut de la gorge, & être conduit en biais jufqu'à un pouce & demi de la pointe du corps ; continuez à coudre trois autres plis égaux & paralleles entre-eux : vous cefferez de coudre tous ces plis où le bas du corps ceffe, & vous les laifferez vagues de-là au bas de la jaquette ; vous arrêterez enfemble fur la hanche deux plis, que vous laifferez également vagues jufqu'en bas ; vous ferez de même un large pli au derriere, fa plus grande largeur fera à l'épaulette ; vous cefferez de le coudre au haut de la bafque de derriere ; puis vous ferez trois autres plis fur le corps, pareils aux précédents, obfervant les mêmes circonftances ; plus deux plis vagues de la hanche en bas ; le large pli de derriere couvrira par fon bord poftérieur les œillets du corps du haut en bas.

Vous couvrirez l'épaulette d'un morceau d'étoffe ; vous couferez les derrieres aux devants de chaque côté, laiffant aux hanches une ouverture pour la poche, entre les quatre plis d'en-bas ; vous couferez auffi le bas des deux derrieres enfemble.

Pour ornement on galonne le grand pli du devant du haut en bas, tant fur le pli même que fur tout le devant, à compartiments de galons ; on borde le grand pli du dos tout autour jufqu'en bas ; on galonne de même les coutures des côtés, tout le bas de la jaquette, & tout le tour de la gorge ; on coud les manches *c* aux épaulettes.

L'ART DE LA COUTURIERE.

Avant l'année 1675, comme il a été dit dans l'Avant-Propos, les Tailleurs faisoient généralement tous habits d'hommes & de femmes ; mais dans cette année Louis XIV jugea à propos de donner à des femmes, le droit d'habiller leur sexe ; & depuis ce temps, les Tailleurs ne s'en mêlent plus. Il créa donc un Corps de Maîtrise, sous le titre de *Maîtresses Couturieres* ; il leur donna des Statuts, qui sont en petit nombre : par ces Statuts, elles peuvent faire Robes-de-chambres (de femmes), Jupes, Justaucorps, (c'est ce qu'on nomme à présent *Juste*), Hongrelines, (on n'en fait plus), Camisoles, Corps de jupes & autres ouvrages pour femmes, filles & enfants de l'un & de l'autre sexe, jusqu'à l'âge de huit ans : & ne pourront faire aucun habit d'homme, ni bas de robe & corps de robe.

Nota. Les Tailleurs de Corps, ci-devant, ont seuls le droit de faire les Corps & bas de robe, & ils partagent avec les Couturieres celui d'habiller les enfants jusqu'à huit ans.

La Couturiere n'a aucun instrument particulier. Un dez, des aiguilles, du fil, de la soie, des cizeaux, & un fer à repasser, leur suffisent pour opérer.

La Mesure.

La Mesure se prend avec des bandes de papier, comme par les Tailleurs, en y faisant des hoches ; la suivante est celle de la robe & du jupon, qui est l'essentiel de la Couturiere, comme l'habit complet l'est du Tailleur d'habits.

Planche 14.

a, Largeur d'une agraffe à l'autre.	*i*, Dos.
b, Colet.	*l*, Grosseur du bas.
c, Plis.	*m*, Devant du jupon,
d, Remonture & entournure (*).	*n*, Derriere du jupon.
e, Devant.	*o*, Côté du jupon.
f, Taille.	*p*, Biais de la robe (**).
g, Compere (si on en veut un).	*q*, Derriere sans la queue (***).
h, Manche.	*r*, Devant jusqu'à terre.

(*) Par la *Remonture & Entournure*, on entend que les devants doivent être de quelques pouces plus longs que le derriere, afin que la remonture c'est-à-dire, ce que les Tailleurs appellent *l'épaulette*, puisse en enveloppant le dessus de l'épaule, se joindre à l'emmanchure ; ce qui se nomme alors *l'entournure*, laquelle étant en place, c'est-à-dire, jointe aux deux bouts du colet, le maintient au bas de la nuque du col.

(**) Le *biais de la robe*, est l'endroit où on place les pointes.

(***) *Sans la queue.* A l'égard de la queue, on la fait plus longue ou plus courte, suivant la volonté.

Aunage

Aunage de la Robe & Jupon taille ordinaire.

La Couturiere n'emploie ordinairement que de l'étoffe étroite, c'eft-à-dire, de demi-aune ou environ.

Pour la Robe.

Longueur, une aune un tiers.

Largeur du derriere, deux aunes ou quatre lez affemblés.

Largeur des deux devants, une aune ou deux lez.

Largeur des deux pointes, un quart, qui eft demi-quart pour chacune.

Pour chacune des deux manches, un tiers en quarré.

Pour les deux rangs de chaque manchette, trois quarts d'étoffe fur fa longueur.

Pour le Jupon.

Longueur, deux tiers.

Largeur, deux aunes & demie, en cinq lez affemblés.

LE TRAVAIL DE LA COUTURIERE.

Comme la Robe & le Jupon, dont on vient de donner la mefure & l'aunage, font les principaux objets du Travail de la Couturiere, on eftime que cet Art fera fuffifamment éclairci par le détail de leurs conftructions, & en y ajoutant encore celles du Manteau-de-lit, & du Jufte, à l'ufage des femmes de la campagne.

La Robe.

Coupez de longueur, fuivant votre mefure, tous les lez qui doivent compofer votre robe, favoir, les quatre lez *AA* du derriere, *Fig.* 1, & les deux lez, Planche 15. un pour chaque devant, *B Fig.* 2; ceux-ci doivent être coupés un peu plus longs de quelques pouces: pour la remonture & entournure, expliqués ci-deffus: taillez les manches *o*, *Fig.* 6, & les manchettes *pp*, *fig.* 5; taillez de même toute la doublure.

Affemblez les lez du derriere, en les coufant l'un à l'autre; tout le derriere *AA* étant affemblé, pliez-le par la moitié fur fa largeur, & le dépliez tout de fuite; il reftera fur l'étoffe une légére impreffion de ce pli, qui vous indiquera où vous devez commencer à couper les pointes *c d*, qui fe prennent à chaque dernier lez; vous taillerez ces pointes en montant & en biais, afin qu'elles ayent au bout *d*, un demi-quart de large.

Les pointes étant levées, vous taillerez les emmanchures *e*, & les tailles *f*, jufqu'aux hanches en fuivant votre mefure; vous laifferez le furplus *g*, en fon entier, pour les plis & le tour de la robe; vous taillerez de même les deux devants *B*.

TAILLEUR. N

On vient de voir que les pointes n'ont en longueur, que la moitié de celle de la robe; il faut ajouter, que l'on n'entend parler ici que d'une robe ronde & sans panier: car si c'en étoit une destinée à être mise par-dessus un panier, ces pointes ne se trouveroient pas assez longues, pour aller jusqu'aux hanches; c'est pourquoi il faudroit les tailler à part dans un lez de surplus.

Glacez la doublure au-dessus. *Glacer*, est faire un bâtis général à points longs, qui soient environ à deux pouces les uns des autres, pour attacher bien uniment la doublure au-dessus; ce bâtis est à demeure.

Faites un rang de bâtis, par l'endroit, au haut & au bas du derriere de la robe, pour les fixer; vous ôterez ce bâtis, quand le collet & le bas seront achevés.

Formez les six plis du dos, espacés comme il est marqué *Fig. 3*, c'est-à-dire, un large au milieu de deux étroits: on voit en *h*, la moitié de la plissure du dos; cousez les pointes *c d c d*, le long du dernier des plis de côté jusqu'en bas; formez ensuite ces plis, au nombre de trois ou quatre, & les arrêtez aux hanches en *mm*, avec quelques points croisés. Voy. cette espece de point, *Pl. 5.* N°. 8.

Formez le pli de chaque devant *qq*, *Fig. 4*, jusqu'au haut de la remonture, & les plis de côté *nn*, *fig. 3*, au nombre de deux ou trois que vous arrêterez comme les précédents; cousez le collet *x*, *Fig. 3*, qui doit avoir en dehors un doigt de large: il se fait toujours de l'étoffe du dessus; redoublez-le & le cousez à l'envers.

Faites un arrêté, *Fig. 3*, ligne ponctuée, au travers des plis du dos, pour les maintenir en leurs places; car on ne coud jamais ces plis l'un à l'autre: cet arrêté se fait à l'envers, à points croisés, à la distance d'un douze au-dessous du collet.

Placez l'entournure, c'est-à-dire, cousez la remonture 3, *Fig. 4*, à l'emmenchure *l*, *fig. 3*. joignant le colet par-derriere.

Attachez la quarrure, qui est un morceau de toile ou de taffetas quarré long que l'on coud à l'envers, par-dessus la doublure: cette quarrure occupe tout l'espace des plis du dos, depuis le collet jusqu'à la taille; on la fend ensuite, si l'on veut, par le milieu, depuis le bas vers le haut, & on y attache des rubans de fil ou des cordons, qui se nouent lorsqu'on veut se serrer.

Montez la robe, c'est-à-dire, cousez les deux devants au derriere, depuis l'emmenchure *l*, *Fig. 3*, jusqu'aux hanches *mm*, à point-arriere & devant, ce qui s'appelle *coudre les tailles*; laissez une ouverture de huit pouces, entre les plis de côté *nn*, pour la poche; puis vous reprendrez la couture, pour coudre les pointes au biais, c'est-à-dire, aux devants jusqu'en bas.

Nota. Que les plis de côté des robes rondes doivent être réunis au bas de l'ouverture de la poche, où commence la pointe en *c*; au contraire des plis du justaucorps d'homme, qui vont jusqu'au bas; mais qu'aux robes faites pour être sur un panier, il ne se fait point de plis de côté; les pointes doivent monter jufqu'aux hanches, & l'ouverture de la poche, eft formée par le côté de la pointe & du devant.

Doublez les manches *oo*, *Fig. 6*; formez-les & les pliffez à point-devant, pour les coudre enfuite à l'emmenchure, & à l'entournure, à arriere-point; coufez les manchettes *pp*, *Fig. 5*, la plus étroite en deffus; faites un rempli autour du bas de la robe, ainfi qu'à chaque côté de l'ouverture des poches; coufez ces remplis; bordez tout le bas d'un padou de la couleur du deffus.

Nota. Que la plus grande difficulté qui fe rencontre, quand on a des étoffes à fleurs ou à compartiments, eft de les bien appareiller & affortir réguliérement, en ménageant fur l'étoffe le plus qu'il eft poffible; c'eft une affaire de génie & de talent.

Comme on porte à préfent les robes ouvertes par-devant, on couvre la poitrine par une piece ou échelle de rubans, ou par un *Compere*: le compere eft du diftrict de la Couturiere; la piece de rubans étant regardée comme garniture & ornement, eft de celui de la Marchande de modes.

Le compere, *Pl. 15*, eft compofé de deux devants, coupés l'un fur l'autre Le Compere. dans un quarré d'étoffe d'environ un tiers en tous fens, dont on taille un côté en biais; on le double; on fait le long du biais gauche un rang de boutonnieres, & un rang de petits boutons, à la piece droite; on coud chaque devant du compere fous chacun des devants de la robe, de façon que les côtés biais puiffent fe boutonner fur la poitrine, depuis la gorge jufqu'à la taille.

On appelle *Pet-en-l'air*, le haut d'une robe ordinaire, dont la longueur ne Le defcend qu'à un pied plus ou moins au-deffous de la taille, devant & derriere. Pet-en-l'air.

Le Jupon.

Après avoir coupé quarrément & de longueur les cinq lez du jupon, les avoir affemblés, doublés, & glacé la doublure; vous pliflerez tout le haut, & vous le fermerez du haut en bas: il y a des jupons auxquels on ne laiffe que l'ouverture des poches de chaque côté; à d'autres, on en laiffe une troifieme par-derriere: aux premiers, on attache des bouts de cordons ou de rubans de fil à une des ouvertures de côté, pour ferrer le jupon; aux derniers, on met communément les cordons à la fente de derriere: toutes ces ouvertures fe bordent; on borde auffi tout le haut & le bas du jupon, avec un padou de la couleur de l'étoffe.

Le Manteau-de-lit.

Pour un manteau-de-lit taille ordinaire,

Longueur, une demi-aune.

Largueur, fuivant la mefure.

Longueur de la manche depuis le gouffet, un tiers.

Largeur de la manche, un quart, venant à un pouce & demi de plus, en élargiffant depuis le coude.

Le Manteau-de-lit fe taille en un feul lez d'étoffe, quand elle eft affez large ; finon, on le fait en deux lez : il eft compofé de deux devants *rr*, *Fig.* 7, & d'un derriere même *fig.* (lignes ponctuées) ; on le décrit ici d'un feul lez. Il fe fait ordinairement en chemife, c'eft-à-dire, avec le commencement des manches, qu'on termine enfuite par deux pieces qui s'y ajoutent.

Etendez votre étoffe, & tout de fuite, pliez-la en deux fur fa largeur, non pas exactement, mais qu'un des doubles dépaffe l'autre, de trois pouces ou environ ; fendez en deux par le milieu *rr*, le double le plus long, en montant jufqu'au pli, où étant arrivé, vous fendrez ledit pli, à droite & à gauche, de quatre à cinq pouces ; puis retournant les cifeaux d'équerre, vous en donnerez un coup *aa*, dans l'étoffe de cette plus longue moitié, fans entamer l'autre ; celle-ci ainfi fendue, vous donnera la remonture des deux devants, comme il va être expliqué.

Faites un autre pli parallele au premier, qui égalife de longueur vos deux doubles d'étoffe ; alors les parties que vous venez d'entailler au double qui étoit le plus long, formeront deux petits quarrés *aa* faillants, qui auront trois pouces de haut fur quatre à cinq pouces de large ; ce fera les entournures des épaules, & ce fecond pli qui a détruit le premier, deviendra le deffus des manches. *Voyez* la *Fig.* 10 qui repréfente un des devants, avec fa remonture.

Formez à chaque devant, à l'endroit, un pli *a*, *Fig.* 11, qui le borde du haut en bas ; dégagez la gorge, par un pli en dedans *c* ; faites une fente au bas de l'origine des manches, pour y placer le gouffet *m* ; taillez les côtés *aa*, *Fig.* 9, fuivant la mefure ; laiffez le refte *d*, *Fig.* 10, pour le pli *hh*, *Fig.* 8 & 9 ; on coupe en évafant jufqu'en bas, quand on ne veut pas de pli ; faites auffi un pli *g*, *Fig.* 8 à l'envers, au milieu du derriere, que vous ne couferez que jufqu'au bas de la taille ; la couture doit en être au milieu du dos : on voit *Fig.* 9 l'effet que ce pli rentrant fait par dehors.

Taillez la doublure ; pofez-la, & la glacez à l'étoffe.

Coufez tous les plis, favoir ceux qui vont de la taille jufqu'en bas ; coufez les deux devants au derriere, les gouffets, le deffous des manches, le collet, les entournures aux deux bouts du collet ; ajoutez & coufez les deux pieces qui terminent la longueur des manches ; fi elles fe font en pagode *aa*, *Fig.* 12, ces deux pieces auront plus de longueur : les plis de la pagode doivent être difpofés de maniere qu'ils foient plus étroits deffus le bras, ce qui leur donne la tournure que l'on voit dans la *Fig.* 12, qui repréfente le manteau-de-lit entiérement terminé.

On finit par border le tour du bas, & on attache en haut, des rubans pour le fermer.

Le

Le Juste.

Le Juste eft proprement l'habit des femmes de la campagne ; auffi eft-il le plus fimple de tous.

Il faut deux aunes d'une étoffe de deux tiers de large, pour un Jufte.

Il fe taille à peu-près comme une vefte d'homme. Les *Fig.* 13, qui montrent les deux devants, & 14 les deux derrieres, le démontrent fuffifamment. Le Jufte n'a aucun pli; fes bafques ne s'affemblent point; on ne coud les derrieres & les côtés que jufqu'aux tailles : les bafques tant par-devant que par-derriere, finiffent en pointe plus allongée par les côtés.

On affemble, on pofe la doublure, on la glace, &c. comme à tous les autres vêtements dont on vient de faire la defcription; on borde tout le tour du Jufte haut & bas, & toutes les bafques, d'un ruban de foie, & on attache des cordons ou des rubans de fil par-devant pour le nouer.

On coud les manches au Jufte : il s'en fait de deux fortes; celles qui font marquées *x* font toutes fimples, & vont jufqu'au coude; les autres marquées *y* font plus courtes, mais on y ajoute un parement pliffé *z*.

On voit *Pl.* 3, trois figures qui regardent la Couturiere : la *Fig. C*, repréfente une femme en robe & en jupon, vue par-devant; la *Fig. D*, la même, vue par-derriere; & la *Fig. E*, une fervante en Jufte, vue par le côté; fes bafques font toutes égales, pour faire voir que cette façon s'exécute auffi bien que celle de terminer le Jufte comme un Manteau-de-lit, principalement dans les Villes.

DE LA MARCHANDE DE MODES

On ne placeroit pas ici parmi les Arts qui travaillent aux vêtements, la Marchande de Modes, si ces femmes ne s'étoient mises en possession d'en construire quelques-uns, qui auroient dû naturellement être du district de la Couturiere : elles ne font d'aucun corps de Métier, & ne travaillent qu'à l'ombre de leurs maris, qui, pour leur donner cette faculté, doivent être du corps des Marchands Merciers : elles appellent elles-mêmes ce qu'elles font *un talent*, & ce talent consiste principalement à monter & garnir les coëffures, les robes, les jupons, &c. c'est-à-dire, à y coudre & arranger suivant la mode journaliere les agréments que les Dames & elles imaginent perpétuellement, dont la plupart consistent en gazes, rubans, rézeaux, étoffes découpées, fourrures, &c. Mais elles construisent encore de véritables vêtements, comme le Mantelet, la Plisse, la Mantille de Cour. Ces pieces ont tant d'affinité avec l'Art de la Couturiere, qu'on n'a pas cru devoir en omettre la description à sa suite.

Le Mantelet & son Coqueluchon.

Le Mantelet est un petit manteau de femmes, qu'elles mettent par-dessus la robe, principalement quand elles vont dehors : on y ajoute toujours un coqueluchon ; ce coqueluchon se taille à part, & s'attache ensuite au mantelet ; le tout se fait de taffetas qui a deux tiers de large, ou de satin qui a une demi-aune ; on double de la même étoffe.

Planche 16.   Il faut pour un mantelet ordinaire avec son coqueluchon, pour le corps du mantelet, une aune & demie, qui étant rendoublée fera trois quarts de long pour chaque côté, depuis le haut du col *b*, *Fig. II*, jusqu'au bas de chaque pan *c* ; & pour le capuchon *Fig. I*, un tiers redoublé, ce qui fait deux tiers, & en tout deux aunes un tiers d'étoffe.

On commence par couper les deux tiers pour le coqueluchon *Fig. I*, qu'on plie en deux sur la largeur de l'étoffe : on plie de même en deux le reste pour le mantelet *Fig. II* ; on taille le collet du mantelet comme on voit en *bn*, & ensuite l'échancrure des bras *m*, c'est-à-dire, ce qui doit passer en devant par-dessus les bras, qu'on nomme *les pans du Mantelet* : quant au coqueluchon *Fig. I*, qu'on aura plié de même en deux sur sa largeur, on en échancre un coin *gh* du côté du rendoublement, de quatre à cinq pouces en mourant ; le bout pointu *h* de cette fente sera le centre des plis en rond *i*, qu'on fera au surplus dudit rendoublement ; après quoi on la fermera par une couture, ce centre plissé se trouve placé au milieu du derriere de la tête.

Pour joindre le coqueluchon au mantelet, on commence par plisser le milieu

du collet du mantelet *oo*, *Fig. II*, pour le réduire à la proportion du côté du coqueluchon au bout duquel on a fait l'échancrure ; enfuite on coud ce côté à la
pliffure du collet *oo*; & continuant à coudre les deux derrieres, celui du mantelet
& celui du coqueluchon, l'un à l'autre, on fronce à mefure celui du mantelet ;
& afin que l'on puiffe ferrer plus ou moins ces deux piéces fur le col, on coud
par l'envers tout autour une couliffe qui eft un ruban qui forme un conduit,
dans lequel on paffe un cordon pour ferrer plus ou moins le col du mantelet.

On borde le tout d'une dentelle noire.

Il fe fait des mantelets en mouffeline ; mais c'eft l'affaire de la Lingere.

La Pliffe & fon coqueluchon.

La Pliffe eft une autre efpece de manteau, beaucoup plus ample que le mantelet ; elle fe fait auffi en taffetas ou en fatin.

Il faut pour une pliffe trois aunes & demie, diftribuées en quatre lez égaux, *m
n o p Fig. III*, chacun de trois quarts de long : on commence par coudre *m n*
enfemble fur leurs longueurs, ce qui joint les deux derrieres ; puis on les plie
l'un fur l'autre pour lever à leurs extrémités deux pointes d'un coup de cifeau,
comme à la Couturiere pour la robe ; on en fait autant des devants pofés l'un
fur l'autre ; les quatre pointes levées, on les coud enfemble deux à deux : enfuite joignant par une couture les devants aux derrieres, il fe trouve néceffairement le long de la coupe des pointes un vuide en triangle qu'on remplit de chaque côté par les pointes *qq* ci-devant affemblées deux à deux, en les y coufant :
ces opérations font faire au tout enfemble un arrondiffement plus étroit en haut,
plus étendu en bas ; on les unit tous les deux avec les cifeaux, donnant en même
temps au haut de chaque devant la courbure *rr*; on fendra vers le milieu des devants une ouverture *ss* de fix à fept pouces, pour y paffer les bras : on double la
pliffe de la même étoffe, ou d'une fourrure pour l'hiver.

Le coqueluchon fe fabrique à part, fur un tiers en tout fens, taillé double
comme le précédent ; & pour le joindre à la pliffe, on la pliffera en haut à un
feize près des extrémités des devants, continuant jufqu'à un feize de la couture
des derrieres, ce qui la rétrécira à la mefure du bas du coqueluchon que l'on
doit enfuite y coudre : le refte comme au mantelet.

La Mantille de Cour ou de grand habit.

Le grand habit de Cour confifte en un corps fermé, plein de baleines, & un
bas de robe : le corps fe couvre d'étoffe ; le bas de robe fe fait des mêmes étoffes,
ainfi que le jupon : le Tailleur de corps conftruit le corps & le bas de robe ;
la Couturiere, le jupon ; & la Marchande de modes ajoute à tout l'habillement
les pompons & agréments.

Le jour qu'une Dame eft préfentée au Roi, à la Reine, &c. le corps, le bas de robe & le jupon, doivent être noirs ; mais tous les agrémens font en dentelle, en rezeau, &c. tout l'avant-bras, excepté le haut vers la pointe de l'épaule, où le noir de la manche du corps paroît, eft entouré de deux manchettes de dentelle blanche, l'une au-deffus de l'autre jufqu'au coude. *Voyez Planche 2 Fig. Z*, *f g*. Plus, au-deffous de la manchette d'en-bas, on place un bracelet noir, formé de pompons *h* : plus, tout le tour du haut du corps fe borde d'un tour de gorge de dentelle blanche *e e*, & par-deffus une palatine (*) noire, étroite, ornée de pompons, qui defcend du col & accompagne le devant du corps jufqu'à la ceinture : le jupon & le corps s'ornent de pompons ; tous les pompons font de rézeau, de dentelle, &c. d'or.

Le jour de la préfentation paffé, tout ce qui étoit noir fe change en étoffes de couleurs ou d'or. Cet habit eft ancien, & n'a pas changé jufqu'à préfent pour les cérémonies de la Cour.

Si la Dame qui doit être préfentée fe trouve hors d'état d'endurer le corps plein, alors il lui eft permis de mettre un corfet, & par-deffus une mantille, le bas de robe & le jupon ; & comme la mantille couvre l'avant-bras, on fupprime la manchette d'en haut *f*, qui ne feroit pas vifible.

C'eft de cette mantille dont on va parler, attendu qu'elle eft l'ouvrage de la Marchande de Modes. Ce vêtement eft proprement une efpece de mantelet, mais moins large, plus court par le dos, les pans un peu plus longs, & auquel on ne met jamais de coqueluchon : il s'en fait de toutes fortes d'étoffes légéres, comme gazes, rézeaux, dentelles, &c. il faut de ces étoffes une aune & demie. La coupe en eft repréfentée en lignes ponctuées dans celle du mantelet, *Pl. 16*, *Fig. II* ; *a*, le dos ; *d*, le collet ; *e*, quelques plis vers l'épaule ; *f*, l'échancrure ; *g*, le bas : on attache au bas du dos dans le milieu en *h*, un ruban qui fe noue par-devant.

La quatrieme *Fig.* de la *Planche* 16 n'eft faite que pour indiquer comment les bonnets piqués s'arrêtent fermement fur la tête *A*, pour conftruire deffus l'édifice journalier de la coëffure, ce qui fe fait par deux rubans quelconques, attachés avec une épingle à chaque oreille du bonnet ; on les fait croifer fous le menton de la tête en *a*, & on les noue derriere fon col : la coëffure qui eft repréfentée fe nomme *en papillon*.

Comme la mantille n'eft actuellement en ufage que dans les cérémonies de la Cour, les Dames ont préféré quelques Marchandes de Modes adroites & intelligentes, parmi lefquelles Mademoifelle Alexandre, rue de la Monnoie, une des plus employées dans fon talent, a bien voulu m'en expliquer toutes les circonftances que je viens de décrire.

(*) Elle n'eft pas dans la figure ; elle a été ajoutée depuis ce temps.

EXPLICATION

EXPLICATION DES FIGURES.

ON ne parlera point des deux premieres Planches, parce que le premier Chapitre en contient l'explication telle qu'on pourroit la mettre ici ; & comme ce feroit une répétition fuperflue, on commencera cette explication par la rangée du bas de la troifieme Planche, attendu qu'elle n'eft pas comprife dans ledit Chapitre.

PLANCHE III.

A, Une femme en corps, vue par-devant.

B, Une femme en corps, vue par-derriere.

E, Une femme en jufte.

C, Une femme en robe, vue par-devant.

D, Une femme en robe vue par-derriere.

PLANCHE IV.

A, Un homme fur lequel la mefure du juftaucorps eft tracée en lignes ponctuées; cette Figure & les deux fuivantes font relatives au Chapitre VII de l'Art du Tailleur pour homme.

B, La mefure de la vefte.

C, La mefure de la culotte.

D, Un homme en redingotte.

E, Un homme en habit complet.

F, Un homme en culotte à pont, ou à la bavaroife, relatif à l'article du Culottier.

G, Un homme en robe de Palais.

H, Un Abbé en manteau court.

I, Un Eccléfiaftique en foutane.

PLANCHE V.

A, Profil d'un devant de juftaucorps.

C, Manche.

D, Parement.

E, Patte.

B, Profil d'un derriere de juftaucorps.

CC, Le cran.

a, Profil d'un devant de vefte.

b, Profil d'un derriere de vefte.

c, Manche de vefte.

TAILLEUR.　　　　　　　　　　　　　　　P

d, Profil du dehors d'une culotte.

1, Le point devant.

2, Le point de côté.

3, L'arriere-point.

4, Le point lacé.

5, Le point à rabattre fur la main.

6, Le point à rabattre fous la main.

7, Le point à rentraire.

8, Le point croifé.

r, Le point coulé.

t, Le point de boutonniere.

ſ, Le point de bride.

PLANCHE VI.

La Vignette repréfente un Tailleur d'habits qui prend la méfure, un autre qui coupe un habit fur le bureau, quatre garçons qui coufent fur l'établi; & un Bourſier-Culottier qui frappe avec fon maillet fur les coutures d'une culotte de peau pofée fur fa buiſſe.

A, Le carreau.

B, La craquette.

C, Le billot.

EE, Le patira.

e, Le marquoir.

g, Le couteau à baleine.

h, Le poinçon.

f, Le pouſſoir.

PLANCHE VII.

Fig. I. Juſtaucorps, vefte & culotte tracés fur le drap.

Fig. II. & 2ᵉᵐᵉ II. Habit, vefte & culotte fur le velours.

Fig. III. Juſtaucorps feul fur le drap.

Fig. IV. Vefte feule, *idem*.

Fig. V. Culotte feule, *idem*.

Fig. VI. La mefure de l'habit complet.

PLANCHE VIII.

Fig. I. Traces de la roquelaure fur le drap.

Fig. II. Traces de la redingotte, *idem*.

Fig. III. Traces de la foutane, *idem*.

PLANCHE IX.

Fig. I. Traces de la robbe de Palais fur étoffe étroite.
Fig. II. Traces de la robe de chambre à manches rapportées, *idem.*
Fig. III. Traces de la robe de chambre en chemife, *idem.*

PLANCHE X.

Fig. I. Traces du manteau laïque fur le drap.
Fig. II. Traces du manteau court d'Abbé fur étoffe étroite.

PLANCHE XI.

Traces du manteau long Eccléfiaftique fur étoffe étroite.

PLANCHE XII.

Inftrumens du Culottier : *A*, buiffe : *B*, liffoir.

C, Culotte de peau.

N°. 1. La mefure prife par le Tailleur de corps, marquée par des lignes doubles fur un corps vu de profil.

N°. 2. Profil d'un corps plein de baleines.

N°. 3. Profil d'un corps à demi-baleine, ou corfet baleiné.

N°. 4. Corps vu de face en-dedans pour montrer la difpofition des balcines de dreffage.

N°. 5. Profil d'un corps, vu en-dedans, pour voir la difpofition des garnitures.

PLANCHE XIII.

La Vignette repréfente un Tailleur de corps qui prend la mefure, un autre qui taille un corps de robbe ; une Couturiere qui déploye une étoffe, des filles qui affemblent & coufent diverfes pieces.

N°. VI. Profil d'un corps ouvert par les côtés, pour les femmes enceintes.

N°. VII. Profil d'un corps pour les Dames qui montent à cheval.

N°. VIII. Profil d'un corps de Cour, ou de grand habit.

N°. IX. Profil d'un corps de fille.

N°. X. Profil d'un corps de garçon.

N°. XI. Profil d'un corps de garçon, à fa premiere culotte.

PLANCHE XIV.

N°. 12. Corps vu de face, ouvert par-devant, lacé d'un lacet à la Ducheffe.

N°. 13. Corfet fans baleine, à deux bufcs par-devant.

N°. 14. Camifolle de nuit, fans bufc.

N°. 15. Jaquette ou fourreau pour les garçons.

N°. 16. Fauffe-robe pour les filles.

N°. 17. Bas de robe de Cour ou de grand habit.

PLANCHE XV.

Fig. 1. Derriere de robe de femme coupé.
Fig. 2. Devant de robe de femme coupé.
Fig. 3. Derriere plissé.
Fig. 4. Devant plissé.
Fig. 5. Manchettes d'étoffe à deux rangs.
Fig. 6. Manches.
    Compere.
Fig. 7. Manteau de lit coupé.
Fig. 8. Manteau de lit, vu par-dehors.
Fig. 9. Manteau de lit, vu par-dedans.
Fig. 10. Manche d'un derriere de manteau de lit avec sa remonture.
Fig. 11. Un devant de manteau de lit avec ses plis.
Fig. 12. Manteau de lit monté avec les manches en pagode.
    Mesure.
Fig. 13. Devant d'un juste.
Fig. 14. Derriere d'un juste.

PLANCHE XVI.

La Vignette représente la boutique de la Marchande de Modes, la maîtresse à son comptoir ; plusieurs filles travaillent à divers ouvrages de modes.

Fig. I. Coqueluchon du mantelet coupé.
Fig. II. Mantelet coupé. Dans cette même figure est la coupe de la mantille de Cour en lignes ponctuées.
Fig. III. Pellisse coupée.
Fig. IV. Coëffure en papillon sur une tête de carton.

TABLE
DES CHAPITRES ET ARTICLES
DE L'ART DU TAILLEUR.

Fin de la Table des Chapitres.

[illegible]

Pl. 1.
A   B   C   D
E   F   G   H   I
K   L   M   N   O
De Garsault, inv.

P
Q
R
S
Y
X
V
T
Z
AA
BB
De Garsault, inv.

CC
DD
EE
FF
D
C
E
A
B
De Garsault, inv.

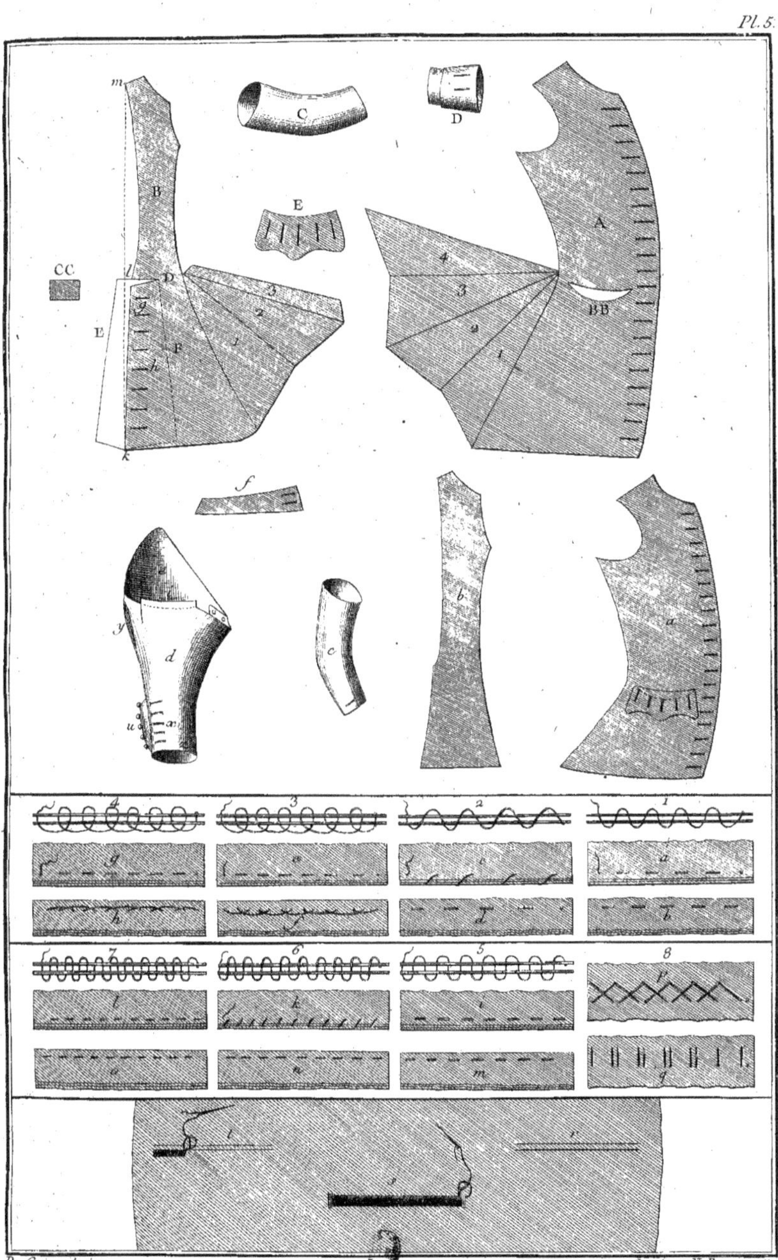

De Garsault, inv.
Gravé par N. Ransonnette.

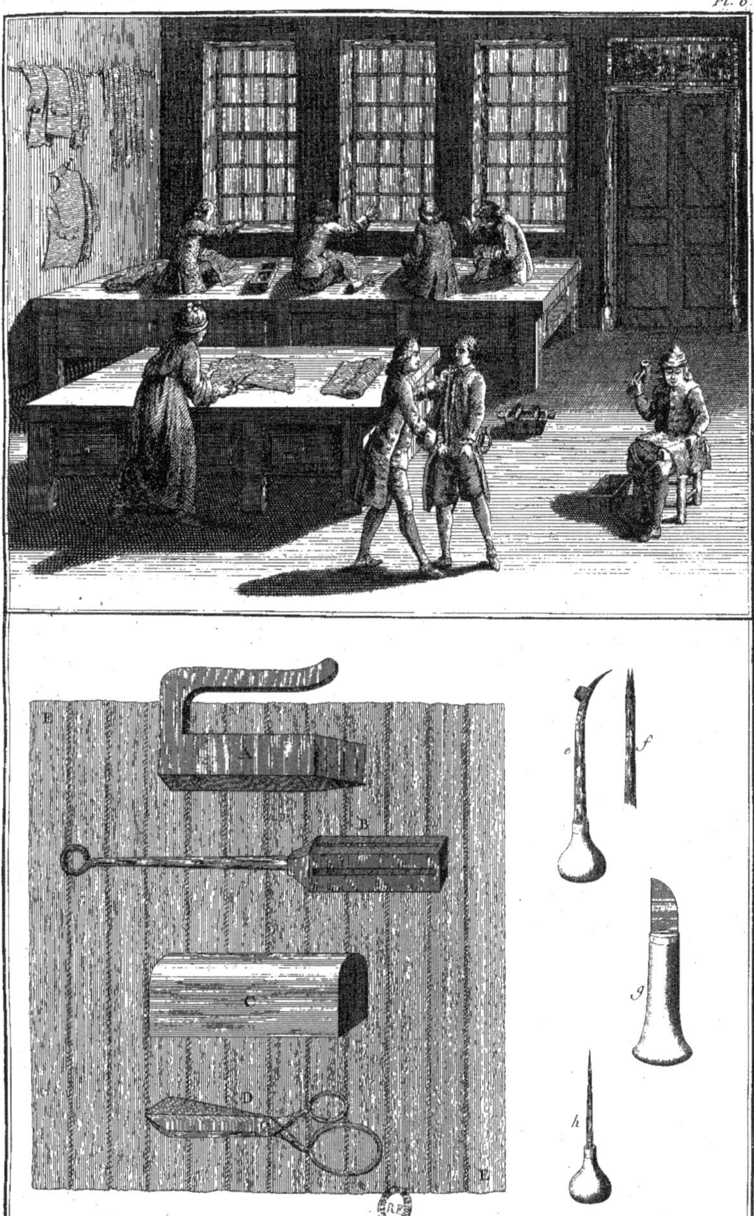

De Garsault, inv.

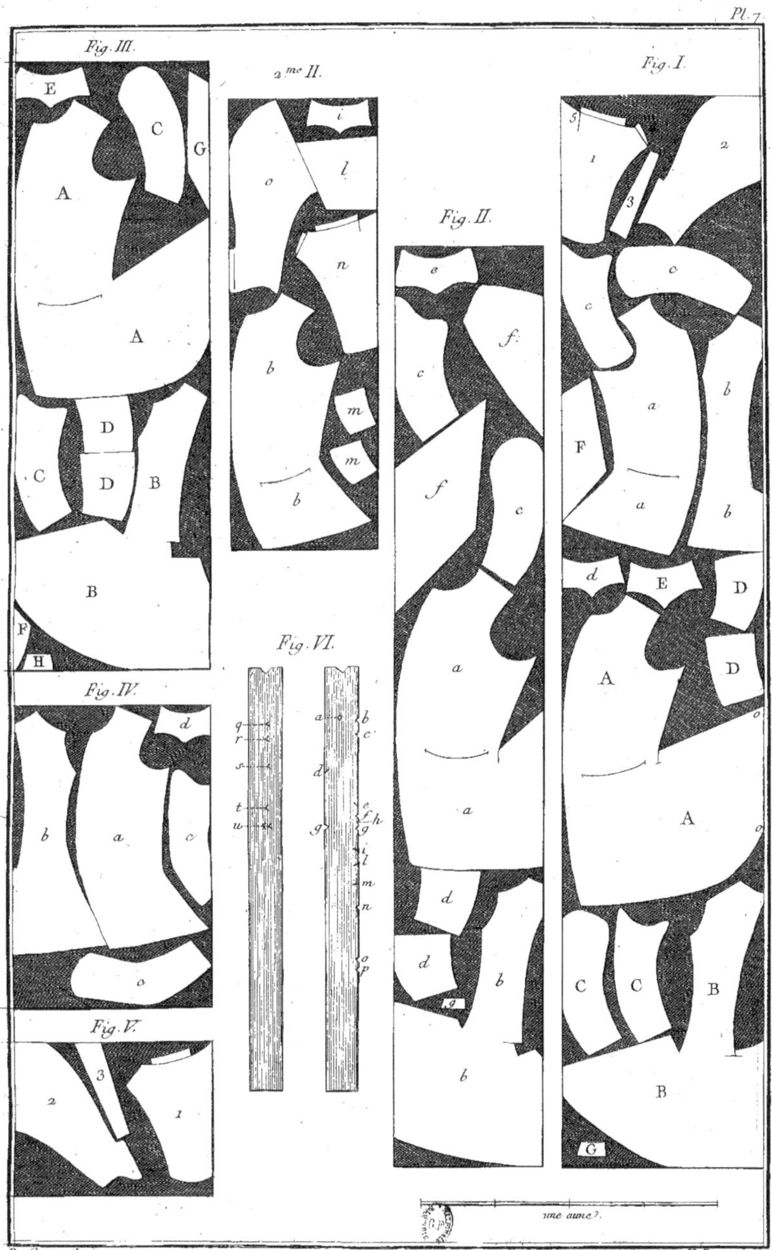

Pl. 7.
Fig. III.
2.me II.
Fig. II.
Fig. I.
Fig. VI.
Fig. IV.
Fig. V.
une aune?
De Garsault, inv.
Gravé par N. Ransonnette.

Fig. III.
Fig. II.
Fig. I.
C C
G
D
B
B
F
D
A
E
A
m d d
c
a
f
n
c
f b
C
E
A
D
B
De Garsault, inv.
Gravé par N. Ransonnette.

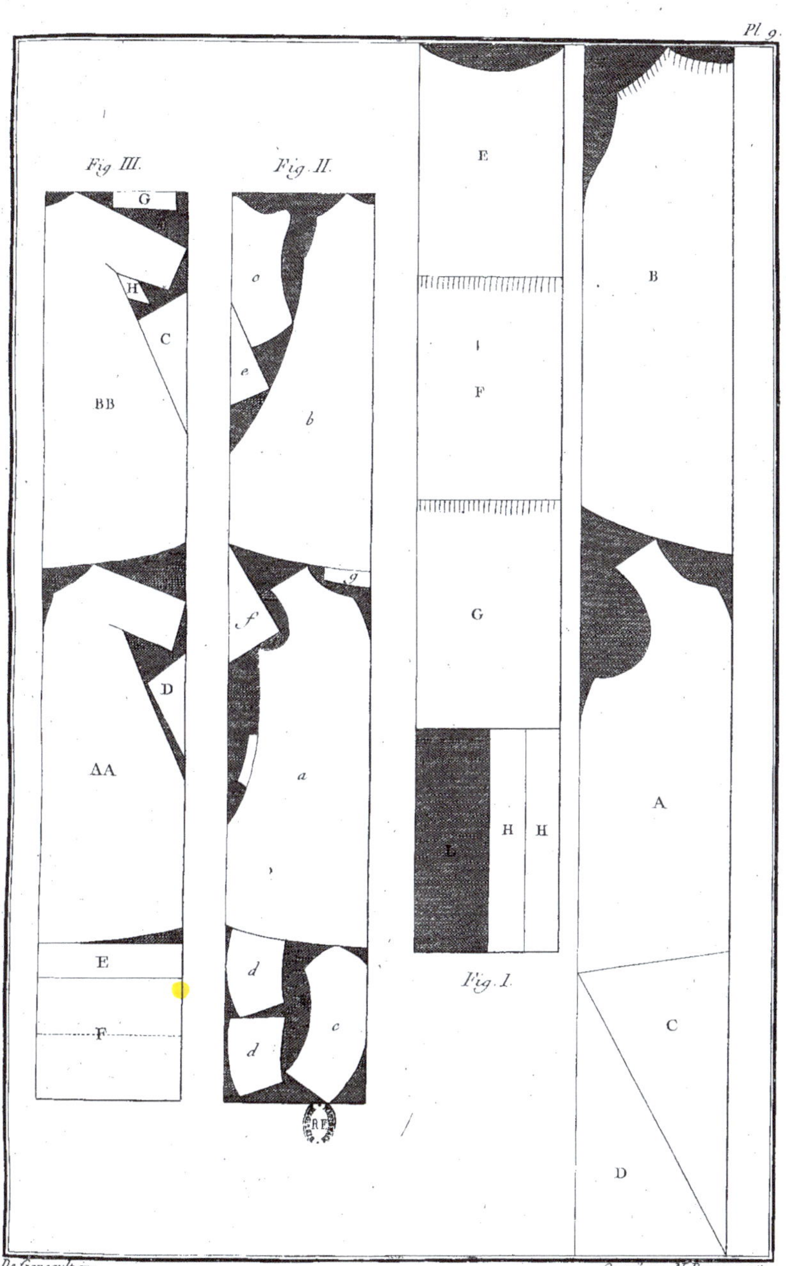

Gravé par N. Ransonnette.

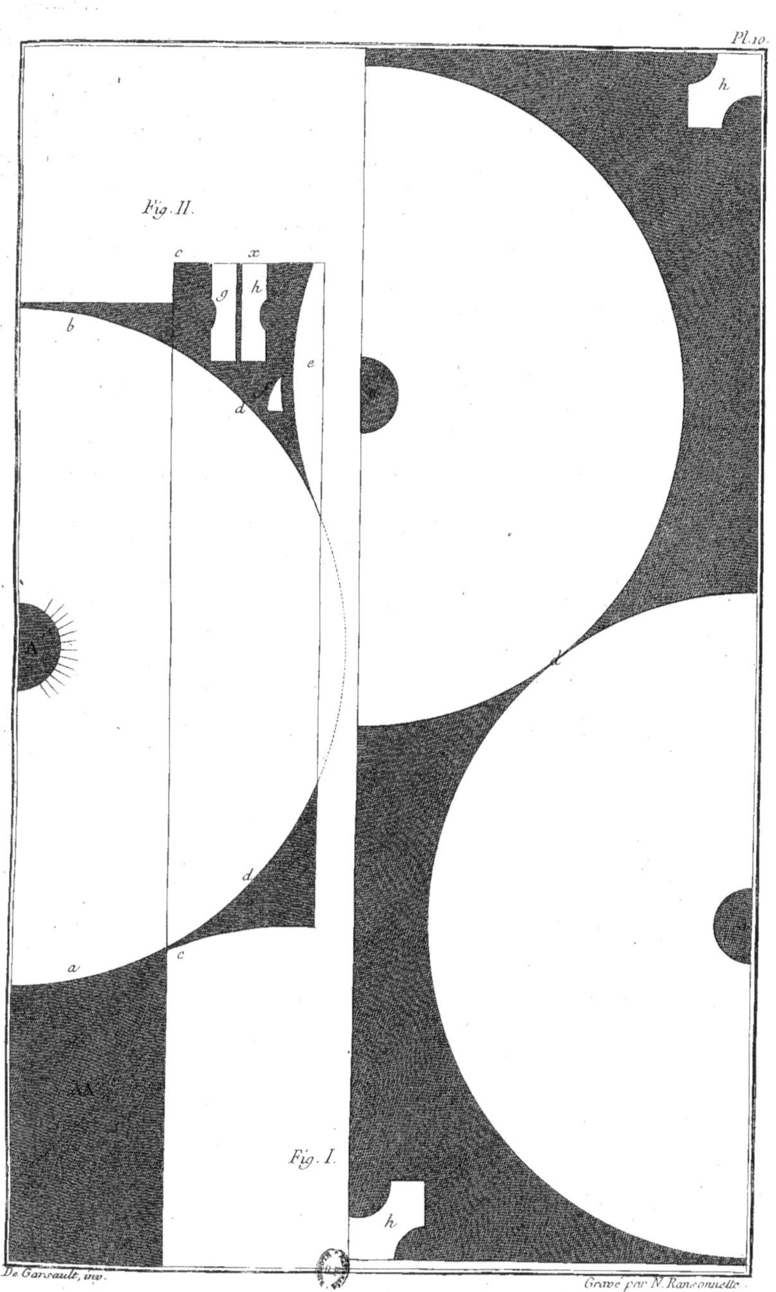
Fig. II.
Fig. I.
De Garsault, inv.
Gravé par N. Ransonnette.

a
A 2
b
b
b
C 2
b
o
A
b
b
B 2
b
a

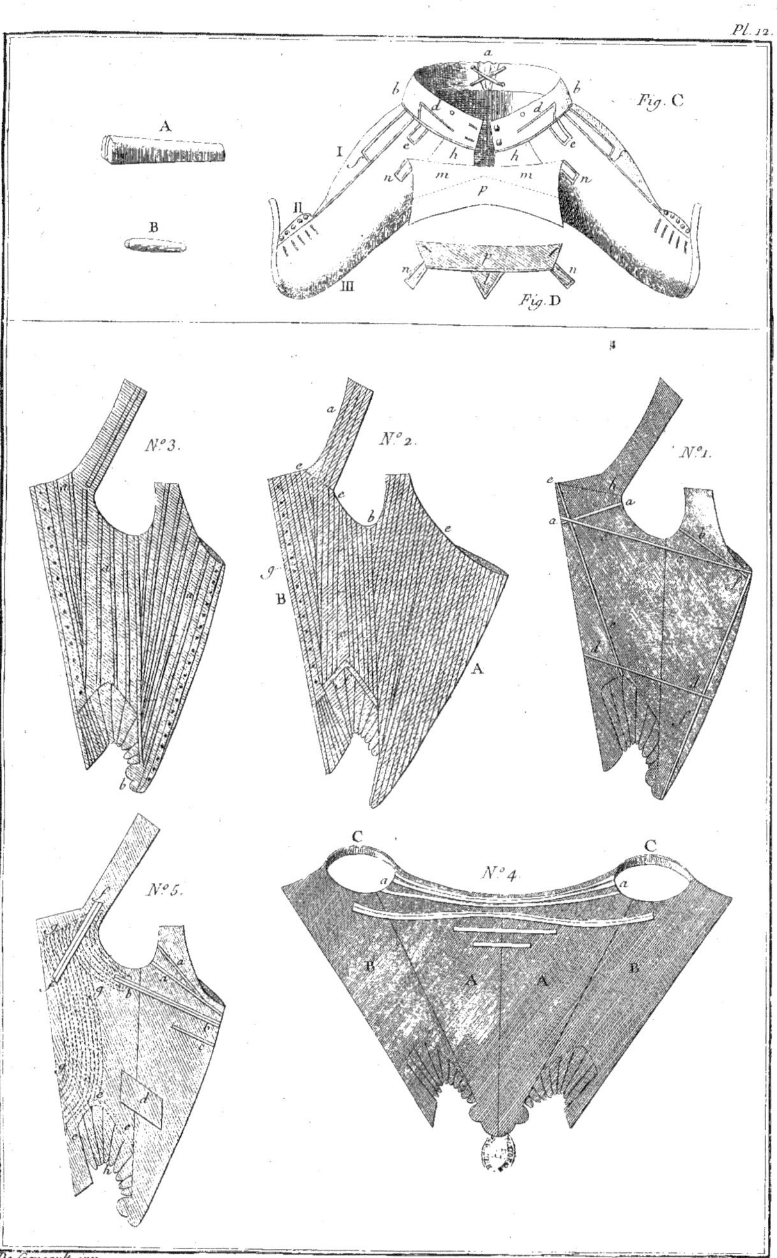
A
B
a
b
b
d
d
e
e
I
h
h
n
m
m
n
p
II
n
r
n
III
Fig. C
Fig. D
N.º 3.
N.º 2.
N.º 1.
a
e
e
b
e
g
B
A
e
a
a
b
b
N.º 5.
N.º 4.
C
C
a
a
B
B
A
A

De Garsault, inv.
Gravé par N. Ransonnette.

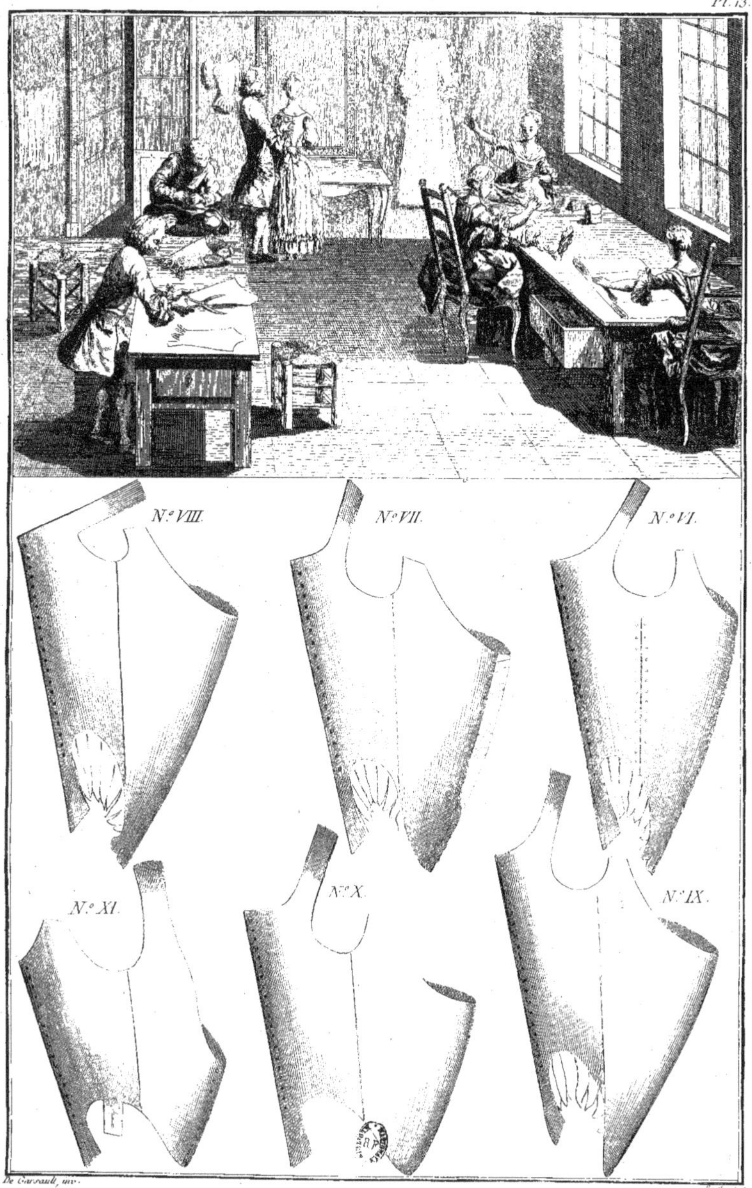

De Garsault, inv.   Bachaut, sc.

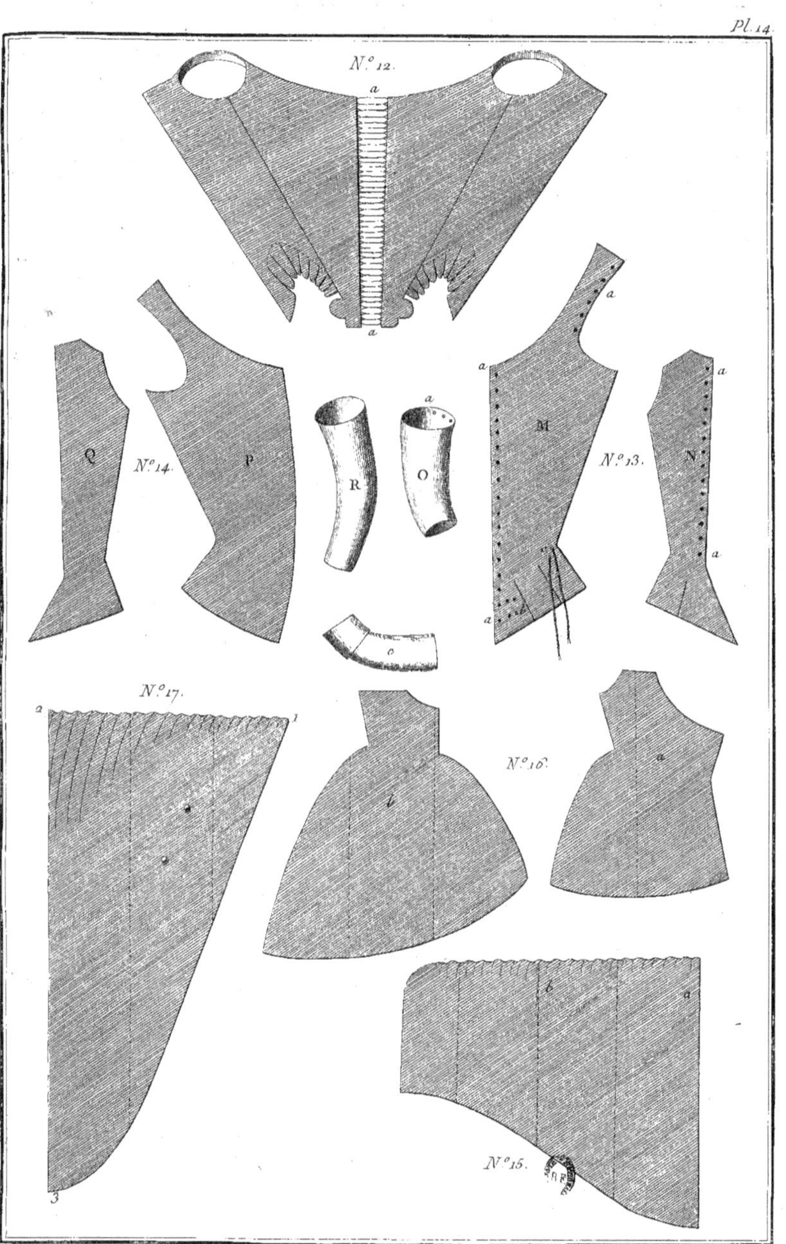

N.º 12.
a
N.º 14.
Q
P
N.º 13.
M
N
R
O
N.º 17.
N.º 16.
N.º 15.
3

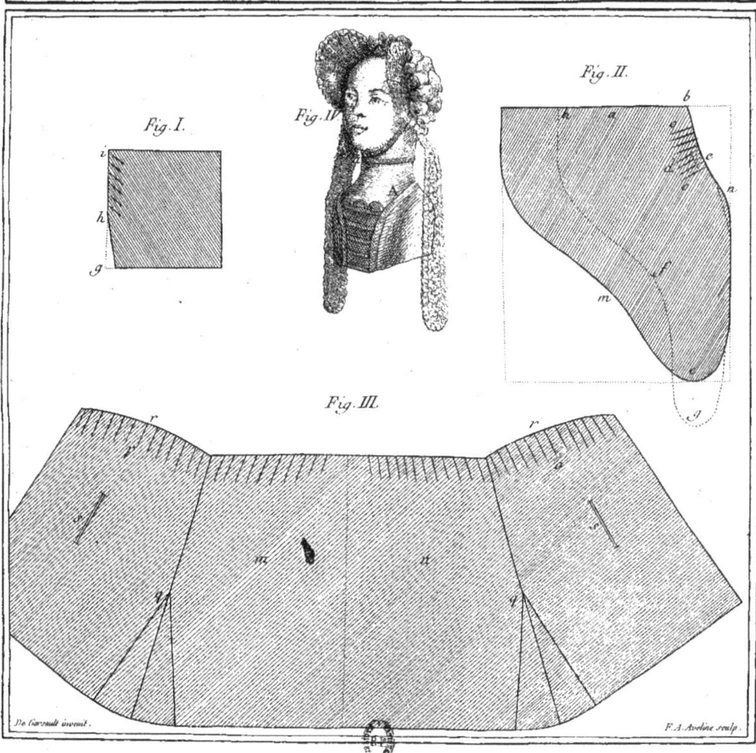

Fig. I.
Fig. IV.
Fig. II.
Fig. III.
De Garsault inuenit.
F. A. Aveline sculp.

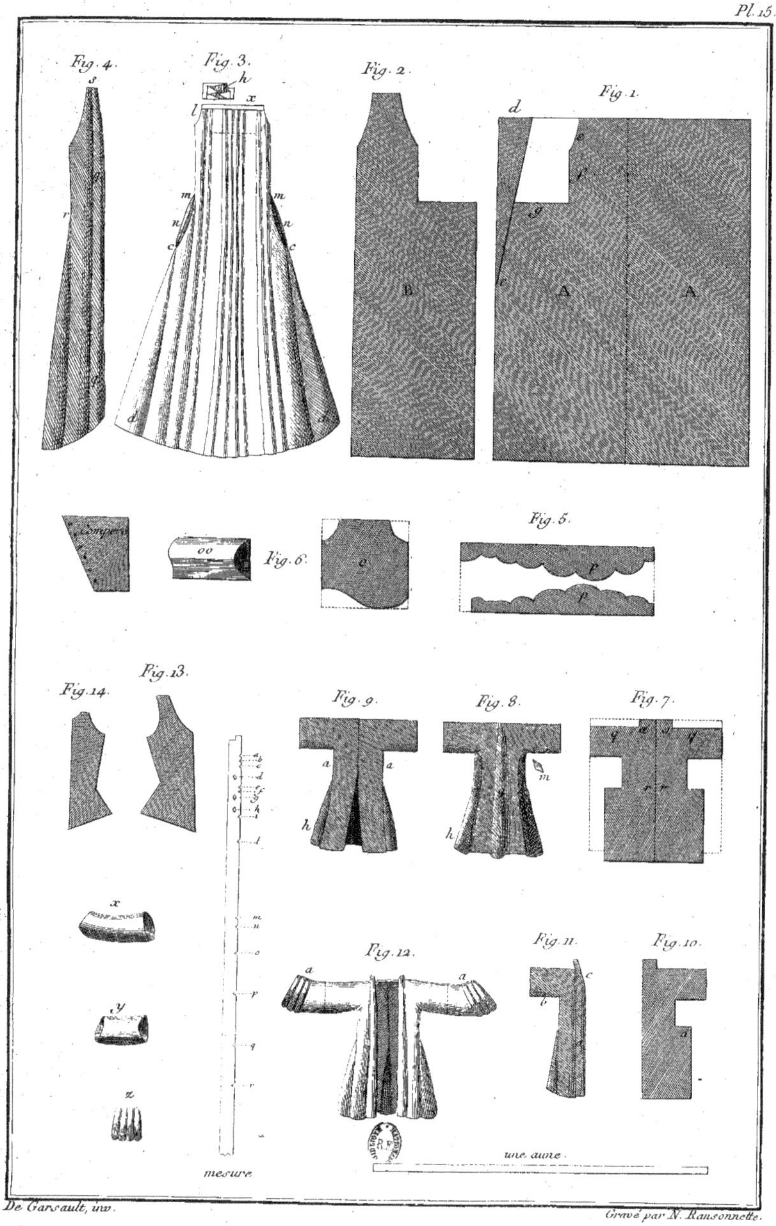

Pl. 15.
Fig. 4.
Fig. 3.
Fig. 2.
Fig. 1.
Fig. 5.
Fig. 6.
Fig. 14.
Fig. 13.
Fig. 9.
Fig. 8.
Fig. 7.
Fig. 12.
Fig. 11.
Fig. 10.
mesure.
une aune.
De Garsault, inv.
Gravé par N. Ransonnette.